U0368875

建筑施工安全事故警示录

孙建平

中国建筑工业出版社

图书在版编目（CIP）数据

建筑施工安全事故警示录／孙建平．—北京：中国建筑工业出版社，2003

ISBN 978－7－112－05997－3

Ⅰ．建…　Ⅱ．孙…　Ⅲ．建筑工程—工程事故—案例—上海市　Ⅳ．TU712

中国版本图书馆CIP数据核字（2003）第078009号

建筑施工安全事故警示录

孙建平

*

中国建筑工业出版社出版、发行（北京西郊百万庄）
各地新华书店、建筑书店经销
北京建筑工业印刷厂印刷

*

开本：850×1168毫米　1/32　印张：$6\frac{3}{8}$　字数：172千字
2003年9月第一版　2008年10月第十次印刷
印数：21,501—23,500册　定价：**16.00**元

ISBN 978-7-112-05997-3
(12010)

版权所有　翻印必究
如有印装质量问题，可寄本社退换
（邮政编码　100037）

本社网址：http://www.cabp.com.cn
网上书店：http://www.china-building.com.cn

本书总结上海地区近年来建筑施工中发生的安全事故共35起。书中介绍每起事故的基本情况、原因分析、预防措施及事故处理意见；书中并配有大量插图、照片，显示这些事故的发生地点、关键原因，对读者有警示作用。

本书可供施工、监理单位领导、管理人员及安全员阅读，也可作为对建筑工人进行安全教育的教材。

* * *

责任编辑　袁孝敏

责任设计　崔兰萍

责任校对　张　虹

《建筑施工安全事故警示录》编委会

主　　　任：孙建平
常务副主任：马自强
副　主　任：周建新　蔡　健
编　　　委：宋耀祖　孙锦强　张国琮　潘延平
　　　　　　姜　敏　於崇根　张继丰

编　写　组：
主　　　编：潘延平
副　主　编：汤学权　辛达帆
成　　　员：龚　斌　蔡崇民　曹宝林　刘　琼
　　　　　　顾奇文　张立文　薛　巍　胡夏生
　　　　　　张　虹　傅胜国　余康华

前　　言

上海的城市建设随着改革开放的深入、世博会的申办成功，如雨后春笋蓬勃发展。建筑业在党和政府的领导下，成为向世人展示上海物质文明和精神文明建设的一个重要窗口。各级安全管理机构和建筑施工企业通过认真学习《中华人民共和国建筑法》、《中华人民共和国安全生产法》，积极贯彻“安全第一，预防为主”的方针，建立健全各级安全生产责任制，实行上海市《施工现场安全生产保证体系》标准，加强对建筑施工全过程危险源的监控，在安全生产文明施工方面取得了较好的成绩，树立了良好的社会形象。

随着建设工程向高、大、深、新的发展，建筑施工难度日益加大。建筑业的超常规发展，带来了建筑劳务整体素质的下降。一些建筑施工企业安全生产法制意识淡薄，重效益，轻安全，忽视安全生产教育培训、安全技术措施的制订审批以及交底和实施工作，安全设施投入不足，安全生产检查、监督、整改不到位，施工现场事故隐患增加，伤亡事故仍时有发生。

为此，我们从上海市近几年来发生的建设工程安全事故中，选取具有典型意义的安全事故案例汇编成册。通过安全事故原因分析、事故预防及控制措施和事故处理结果的陈述，使建筑施工企业、监理单位、建设单位以及广大从业人员对各类安全事故的危害性和造成后果的严重性有清醒的认识，引以为戒，并从中吸取教训，依法加强安全生产管理，认真执行各级安全生产责任制度，切实采取有效的安全技术措施以及事故应急预案，遏制和减少安全伤亡事故，杜绝重大伤亡事故的发生。

《建筑施工安全事故警示录》由上海市建设工程安全质量监

督总站会同上海市建筑施工行业协会工程建设监督委员会组织编写，可作为安全培训教材。由于时间有限，书中错误与不足之处，敬请读者谅解与指正。

目　　录

一、高处坠落事故

高处坠落事故案例 1

一、事故概况

2002 年 1 月 14 日，在上海某总公司总包、某装潢有限公司分包的高层工地上，(因 2002 年 1 月 11 日 4 号房做混凝土地坪，将复式室内楼梯口临边防护栏杆拆除，但由于混凝土地坪尚未干透，强度不足，故而无法恢复临边防护设施。项目部准备在地坪干透后，再重新设置临边防护栏杆，然后安排瓦工封闭 4 号房 13 层施工墙面过人洞）分包单位现场负责人王某，未经项目部同意，擅自安排本公司二位职工到 4 号房 13 层封闭施工墙面过人洞，普工李某负责用小推车运送砌筑砖块。上午 7 时左右，李某在运砖时，由于通道狭窄，小推车不能直接穿过墙面过人洞，李某在转向后退时，不慎从 4 号房 13 层室内楼梯口坠落至 12 层楼面（坠落高度 2.8m)。事故发生后，现场人员立即将其急送医院，经抢救无效于次日凌晨 2 时死亡。

二、事故原因分析

1. 直接原因

因做地坪楼梯口防护栏杆被拆除，混凝土尚未干透临边防护栏杆未能复原，是造成本次事故的直接原因。

2. 间接原因

项目部放松对分包队伍的安全管理,导致分包违反施工顺序、违章指挥,擅自安排工人进行砌筑作业,是造成本次事故的间接原因。

3. 主要原因

违反施工顺序、违章指挥，是造成本次事故的主要原因。

三、事故预防及控制措施

1. 由公司负责安全生产的副经理召开各项目经理、现场负责人会议，重申安全工作一定不能放松，生产不忘安全，在公司范围内，组织全面安全生产大检查，做好整改工作。

2. 加强对分包队伍的管理，管理措施一定要落到实处。安排工作前首先要对工作环境认真检查，确认无安全隐患后，再安排工作。对危险作业必须进行有针对性的、全面的安全技术交底。

3. 重点加强临边、洞口安全防护设施的管理，并在施工中派专人进行监护。

4. 落实总、分包各级安全生产责任制，提高全员安全生产意识。

5. 分包单位要加强自身的安全管理力度，提高安全生产意识，对职工进行安全生产教育，增强自我保护意识。安排施工任务，必须事先征得总包项目部的同意，严禁违章指挥、违章作业。

四、事故处理结果

1. 本起事故直接经济损失约为 14 万元。

2. 事故发生后，总、分包单位根据事故调查小组的意见，对本次事故负有一定责任者进行了相应的处理：

（1）总包公司对项目部教育管理不严，监控不力，导致项目部管理混乱，法人代表作深刻检讨。

（2）分包现场负责人王某，违章指挥，擅自安排工作，对本次事故负有直接责任，决定给予辞退，并处以罚款。

（3）总包项目经理陈某，安全管理工作不力，对本次事故负有领导责任，决定给予行政警告处分，并处以罚款。

（4）分包职工李某，安全防范、自我保护意识不强，对本次事故负有一定责任，但已死亡，故免予追究。

高处坠落事故案例 2

一、事故概况

2002 年 1 月 16 日，在浙江某建筑公司总包、上海某安装公司分包的工地上，分包单位瓦工班长王某，安排组员李某在 3 号房 4 层在操作平台上，用小推车运送混凝土浇捣圈梁。下午 15 时 20 分左右，在浇捣卫生间北侧圈梁（F 轴上 41 轴和 42 轴间）

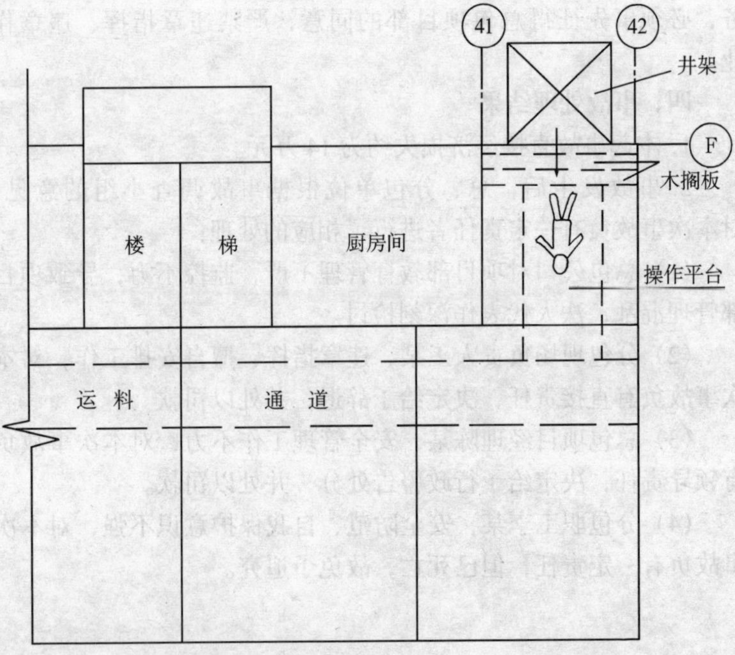

图 1－1　11.6m 平台处坠落事故现场位置示意

混凝土时，因搭设不规范的操作平台的木搁栅突然断裂，李某连人带车从标高 11.6m 的操作平台上，坠落至标高 8.4m 的楼面，坠落高度 3.2m。事故发生后，项目部立即叫车将其急送医院，终因李某伤势过重经抢救无效死亡。

图 1-2　有圈处为坠落处,原来铺的是木搁板(现已铺上钢板)

图 1-3　连车带断裂木搁板坠落点

二、事故原因分析

1. 直接原因

李某在 4 层楼面浇捣圈梁时，由于操作平台搭设不够规范，木搁栅突然断裂，是造成本次事故的直接原因。

2. 间接原因

(1) 分包单位对职工安全教育不够，对危险源监控不力。

(2) 总包项目部对分包单位安全监督、管理不严，对施工现场安全检查不够。

3. 主要原因

分包单位对危险部位的施工安全防护设施没有编制专项方案，对搭设人员的安全技术交底针对性不强。搭设后检查、验收、整改不到位，致使操作平台存在安全隐患，是造成本次事故的主要原因。

三、事故预防及控制措施

1. 总、分包单位层层落实安全生产责任制，建立健全安全生产规章制度和管理网络。

2. 召开施工现场会，组织全体人员学习安全生产有关法律、法规及建筑施工安全规范和公司规章制度以及操作规程，以此吸取血的教训，举一反三，切实加强安全防护设施方案编制以及搭设、验收工作，确保操作工人的人身安全。

3. 按“四不放过”的原则，并对施工现场进行一次全面彻底的安全专项检查，对查出的事故隐患按三定要求整改，并进一步完善安全防护设施。

4. 分包单位强化安全意识，认真做好施工现场全过程安全工作，切实加强对危险源监控，杜绝类似事故再次发生。

5. 总包单位认真做好对分包单位施工现场的安全监督管理，确保安全生产。

四、事故处理结果

1. 本起事故直接经济损失约为15万元。

2. 事故发生后，总、分单位根据事故调查小组的意见，对本次事故负有一定责任者进行了相应的处理：

(1) 分包分管安全生产工作的公司副经理韩某，对施工现场安全生产工作监督、检查不力，没有及时消除事故隐患，对本次事故的发生负有管理责任，责令其作出深刻书面检查。

（2）分包项目经理王某，对项目危险部位没有进行有效的监控，本次事故负有一定责任，责令其作出深刻书面检查，并给予经济处罚。

（3）总包项目经理杜某，对分包单位安全生产工作监督不严，对本次事故负有一定责任，决定责令其作出深刻的书面检查。

（4）分包班长王某，对班组职工安全教育、交底不够，对本次事故负有一定责任，给予经济处罚。

（5）分包职工李某，安全防范、自我保护意识不强，对本次事故负有一定责任，但已死亡，故免予追究。

高处坠落事故案例3

一、事故概况

2002年4月6日，在江苏某建设集团下属公司承接的某高层5号房工地上，项目部安排瓦工薛某、唐某拆除西单元楼内电梯井隔离防护。由于木工在支设12层电梯井时少预留西北角一个销轴洞，因而在设置十二层防护隔离时，西北角的搁置点采用一根ϕ48钢管从11层支撑至12层作为补救措施。由于薛某、唐某在作业时，均未按要求使用安全带操作，而且颠倒拆除程序，先拆除11层隔离（薛某将用于补救措施的钢管亦一起拆掉），后拆除12层隔离。上午10时30分，薛某在进入电梯井西北角拆除防护隔离板时，只有三个搁置点的钢管框架发生倾翻，人随防护隔离一起从12层（32m处）高空坠落至电梯井底。事故发生后，工地负责人立即派人将薛某急送至医院，但因薛某伤势严重，经抢救无效，于当日12时30分死亡。

二、事故原因分析

1. 直接原因

安全防护隔离设施在设置时有缺陷，规定四根固定销轴只设三根，而补救钢管已先予拆除，是造成本次事故的直接原因。

2. 间接原因

（1）施工现场监督、检查不力，未能及时发现存在的隐患。

（2）劳动组织不合理，安排瓦工拆除电梯井防护隔离设施。

（3）安全教育不力，造成职工安全意识和自我防范能力差。

3. 主要原因

项目负责人违章指挥，操作人员违章作业，违反先上后下的拆除作业程序，自我保护意识差，高空作业未系安全带，加之安

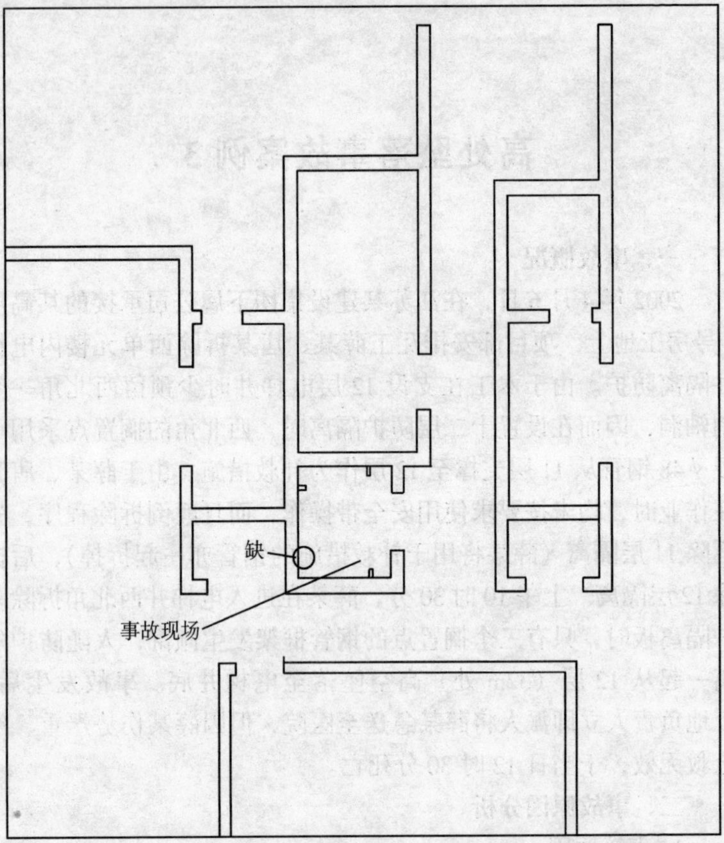

图1-4 电梯井防护设施不严，固定销轴只设三根，
补救支撑先予拆除酿成事故

全防护设施存在隐患，是造成本次事故的主要原因。

三、事故预防及控制措施

1. 组织全体施工人员召开事故现场会，举一反三进行系统的安全生产教育，增强安全意识及自我保护的基本能力，杜绝违章作业。

2. 组织架子工对施工现场脚手架、电梯井隔离设施、临边防护栏杆、通道防护棚等安全防护设施进行全面检查，对查出的问题按三定原则进行整改。

3. 预留洞口安排木工，加盖并固定。

4. 加强对现场管理人员的安全教育，提高管理人员的法制意识，严格遵守各项安全生产的法律法规，杜绝违章指挥。

5. 组织全体职工进行各工种岗位责任制、操作规程学习，确定专职监督人员。从思想上、管理上提高安全生产意识和水平，确保安全施工。

四、事故处理结果

1. 本起事故直接经济损失约为12万元。

2. 事故发生后，事故单位根据事故调查小组的意见，对本次事故负有一定责任者进行了相应的处理：

(1) 项目经理朱某，督促管理不严，制度不够健全，职责不够明确，对本次事故负有一定责任，给予行政处分，并处以罚款。

(2) 沪办主任卢某，对本次事故负有领导责任，写出书面检查，并处以罚款。

(3) 现场负责人何某，违章安排瓦工拆除电梯井隔离防护，对本次事故负有主要责任，给予行政记过处分，并处以罚款。

(4) 瓦工班长圣某，对施工人员检查不够，对本次事故负有一定责任，给予经济处罚。

(5) 瓦工唐某，违章操作，对本次事故负有主要责任，给予经济处罚。

(6) 瓦工薛某，违章操作，对本次事故负有主要责任，但薛某鉴于已死亡，不予追究。

高处坠落事故案例 4

一、事故概况

2002 年 5 月 1 日上午，在江苏某建筑公司总包、该省某县级市房屋修建队分包的某高层工地上，分包现场负责人沈某安排木工朱某等人到 14 号楼 16～18 层支设阳台模板。7 时 50 分左右，施工电梯驾驶员张某因上厕所离岗，但未按操作规程切断电源以及关闭施工电梯门并上锁。此时，无施工电梯驾驶证的工人范某，擅自操作施工电梯运送朱某等人以及装有支模材料的小推车上 16 层。停靠后，朱某将推车推出轿厢上了楼层运料平台。此时，18 层有人需装运电焊机，范某叮嘱朱某自己关好楼层安全门，

图 1－5　朱某从未关闭的安全门处坠落

随即启动施工电梯去了 18 层。然而，朱某并未闭安全门就与他人在平台上卸木模板。朱某在倒车卸料时，不慎一脚踏空，连人带车从未关闭安全门的 16 层平台沿口坠落。事故发生后，现场人员立即将其急送医院，经抢救无效朱某于 8 时 10 分死亡。

图 1－6　坠落事故现场（小推车抛至施工电梯外）

二、事故原因分析

1. 直接原因

(1) 分包职工范某，违章擅自操作施工电梯，且未关闭楼层安全门。

(2) 施工电梯驾驶员张某，违反操作规程，离岗未切断电源、不关闭电梯门。

(3) 分包职工朱某，在未关闭安全门的楼层平台沿口处冒险作业。

2. 间接原因

(1) 分包单位项目部安全管理工作不落实，对职工安全教育不严。

(2) 分包单位职工安全生产意识淡薄，安全防范自我保护意识不强。

(3) 总包对分包队伍严格执行有关安全规定的检查、监督不严。

3. 主要原因

范某违章操作电梯、施工电梯驾驶员张某违反操作规程，是造成本次事故的主要原因。

三、事故预防及控制措施

1. 组织全面安全生产大检查，对照 JGJ59—99 安全检查标准要求，按照“三定”原则，对查出的安全隐患逐条落实整改，切实做好整改后的复查验证工作，预防事故再发生。

2. 加强安全教育，提高职工安全意识和遵章守纪的自觉性，杜绝违章作业。

3. 加强总包对分包的安全管理，规范各项安全生产措施杜绝事故的发生。

4. 加强安全生产管理工作，进一步明确各个岗位、各级各部门安全生产职责，落实安全生产责任制，提高全员安全生产意识。

四、事故处理结果

1. 本起事故直接经济损失约为 17 万元。

2. 事故发生后，总、分单位根据事故调查小组的意见，对本次事故负有一定责任者进行了相应的处理：

(1) 分包队伍施工负责人沈某，安全管理工作不重视，对职工安全教育不严、不实，对本次事故负有管理责任，决定给予行政记过和罚款处分。

(2) 分包队伍职工范某，违章操作施工电梯，对本次事故负有主要责任，决定给予辞退，并处以罚款。

(3) 施工电梯驾驶员张某，违反操作规程，对本次事故负有主要责任，决定给予辞退，并处以罚款。

(4) 分包队伍法人代表苏某，对所属施工队伍安全生产管理不严，对本次事故负有管理责任，决定给予罚款处分。

(5) 总包项目经理徐某，执行有关安全检查监督不力，对本次事故负有管理责任，决定给予行政警告和罚款处分。

(6) 总包队伍法人代表，对分包单位的安全管理不够，对本次事故负有管理责任，决定给予罚款处分。

(7) 分包职工朱某，在未关闭安全门的楼层平台沿口处冒险作业，对本次事故负有重要责任，鉴于已在事故中死亡，故免于追究。

高处坠落事故案例 5

一、事故概况

2002 年 6 月 7 日，在某中建局承建的厂房工地上，经项目经理冯某安排，安装班组宋某（班长）、李某等四人进行 C 厂房 B 区铺设冷却塔网格板工作。下午 18 时 15 分，当四名操作人员共同抬一块网格板（177.4cm × 99cm × 4cm）进行铺设最后一道网格板时，其中宋与一名操作人员朝前走，李某与另一名操作人员朝后退。由于李某未注意身后有未铺设网格板的空挡，在后退时一脚踩空，从高空坠落到地面（高度为13.9m）。在坠落过程中，

图 1－7　铺网格板后退时，不慎踩空坠落

同时拉断身上所系安全带上的安全绳（此安全绳有二根，只悬挂了一根）。事故发生后，现场班组其他职工立即将李某送往医院，经抢救无效死亡。

图1-8　当事人所用的安全带只悬挂了一根安全绳，结果断裂（失去了双保险）

二、事故原因分析

1. 直接原因

李某安全意识淡薄，自我保护意识差。明知身后的网格板未铺完，属临边作业，注意力仍不集中，后退时踩空坠落。

同时李某未正确使用安全带，此安全绳有二根，只悬挂了一根，违反了安全管理规定（安全技术交底）且未对自己使用的安全带进行检查，使用了有烫伤缺陷的安全带。

2. 间接原因

项目部安全检查不力，对施工现场安全防护用品的使用缺乏管理和监督，对危险性较大的作业缺少安全监护，是造成本次事故的间接原因。

3. 主要原因

当事人李某安全意识差，未正确使用安全带。现场安全检查监督不力。是造成本次事故的主要原因。

三、预防及控制措施

1. 对全体职工进行安全教育和操作规程的培训，增强自我保护及其安全防范意识，正确使用个人安全防护用品。

2. 对施工现场所有的安全防护用品进行全面检查，不合格的全部作报废处理，确保使用合格的安全防护用品。

3. 规定每个操作者在工作前对自己的防护用品进行自检，按规定佩戴，工长做好工作安排后的检查工作，安全员做好施工过程中的安全监督工作，尤其注意安全带防止被火烫伤、烧伤，发现有损坏的安全用品立即更换。

4. 对所有高处作业实行派专人进行现场监控，确保施工安全，并形成安全制度。

5. 举一反三吸取教训，在全工地范围内开展反违章活动，并制定有效措施，避免再发生各类事故。

四、事故处理结果

1. 本起事故直接经济损失约为 17 万元。

2. 事故发生后，事故单位根据事故调查小组的意见，对本次事故负有一定责任者进行了相应的处理：

（1）项目经理梁某，施工现场检查不力，对职工安全意识教育不深入，对本次事故负有领导责任，给予行政警告和罚款处分。

（2）安装大班长宋某，在同抬一块网格板过程中，发现李某临边作业，而未予提醒，监督不力，对本次事故负有一定责任，给予行政警告和罚款处分。

（3）工长殷某，对安装班缺乏交底后落实情况的检查，对本次事故负有管理责任，给予行政警告和罚款处分。

（4）安全员池某，对施工现场日常检查监督不力，对本次事故负有一定责任，给予行政警告和罚款处分。

（5）职工李某，安全意识差，对有烫伤缺陷的安全带疏于检查且在作业时未正确使用，对本次事故负有主要责任，但鉴于已在事故中死亡，故免予追究。

高处坠落事故案例 6

一、事故概况

2002 年 7 月 10 日，在浙江某建设总公司承接的某街坊工地上，1 号房外墙粉刷工黄某（死者）根据带班人黄某的要求粉刷井架东西两侧的阳台隔墙。下午 14 时 45 分左右，黄某（死者）完成西侧阳台隔墙粉刷任务后，双手拿着粉刷工具，从脚手架上准备由西侧跨越井架过道的钢管隔离防护栏杆，然后穿过井架运料通道，进入东侧脚手架继续粉刷东侧阳台隔墙。但当他走到脚手架开口处时，因脚手架缺少底笆，右脚踩在架子的钢管上一滑，导致身体倾斜失去重心，人从脚手架外侧上下两道防护栏杆

图 1－9　事故发生处脚手架没铺底笆，旁侧缺少密目网

中间坠落下去，碰到六层井架拉杆后，坠落在井架防护棚上。坠落高度为28.6m，安全帽飞落至地面。事故发生后，工地职工立即将黄某送往医院，经抢救无效于15时15分死亡。

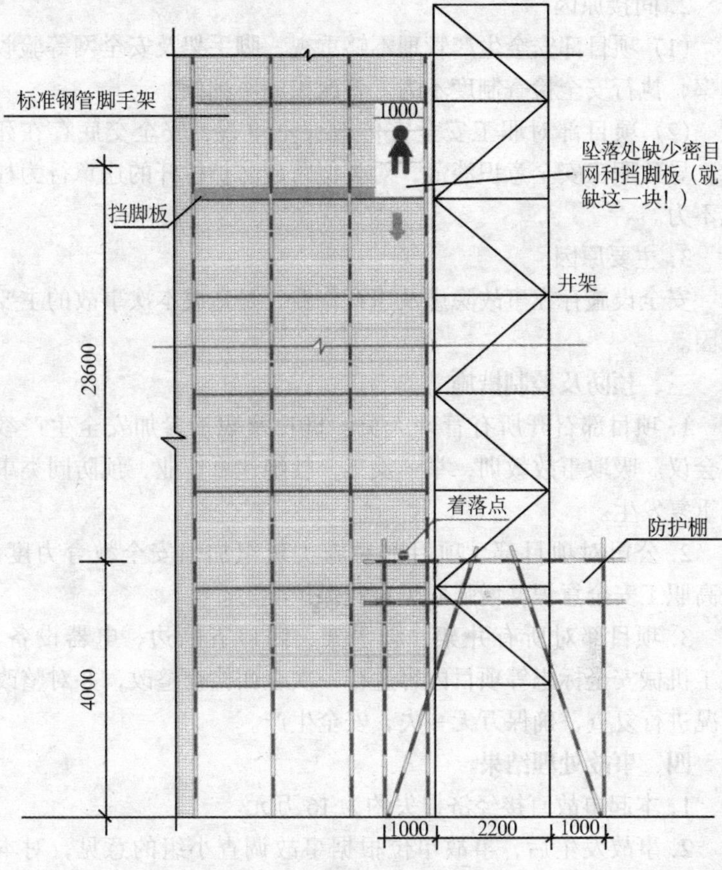

图1-10　坠落事故立面示意图

二、事故原因分析

1. 直接原因

(1) 外墙粉刷工黄某，在完成西侧粉刷任务后去东侧作业时，应走室内安全通道，不该贪图方便违章从脚手架通道跨越防护栏杆，缺乏自我保护意识。

(2) 事故发生地点的脚手架缺少 1.1m 的底笆、1m 宽的密目安全网以及挡脚板，不符合安全要求。

2. 间接原因

(1) 项目部安全生产管理不够重视，脚手架及安全网等验收草率，执行安全检查制度不力，整改措施不到位。

(2) 项目部对职工安全宣传教育不重视，安全交底存在死角，导致职工安全意识淡薄，对类似跨越防护栏杆的违章行为杜绝不力。

3. 主要原因

安全设施存在事故隐患及违章作业，是造成本次事故的主要原因。

三、预防及控制措施

1. 项目部召开所有管理人员、班长及职工参加安全生产教育会议。吸取事故教训，举一反三，杜绝违章作业，预防同类事故重复发生。

2. 公司对项目部、项目部对施工班组加强安全教育力度，提高职工安全意识，增强职工自我保护能力。

3. 项目部对所有井架、脚手架、四口五临边、电器设备、施工机械安全标志等项目内容进行一次全面检查整改，并对整改情况进行复查，确保万无一失，安全生产。

四、事故处理结果

1. 本起事故直接经济损失约为 16 万元。

2. 事故发生后，事故单位根据事故调查小组的意见，对本次事故负有一定责任者进行了相应的处理：

(1) 公司主管领导梁某，安全生产管理不够重视，安全教育、安全检查制度执行不力，对本次事故负有领导责任，决定给予罚款的处分。

(2) 工程部经理许某，安全监管力度不够，负有领导责任，责令作出书面检查，并处以罚款。

（3）项目经理李某，对施工现场安全生产管理不严，对事故负有重要责任，决定给予撤职，调离工作岗位，并给予罚款的处分。

（4）粉刷班长张某，在事故隐患未解决的情况下，派人到该区域工作，对事故负有重要责任，决定给予终止合同、清退出场，并处以罚款。

（5）粉刷工黄某，贪图方便违章从脚手架通道跨越防护栏杆，缺乏自我保护意识，对本次事故负有主要责任，鉴于本人在事故中已死亡，故免予追究。

高处坠落事故案例 7

一、事故概况

2002 年 7 月 24 日，在上海某土木建筑有限公司承建的某仓储业务楼工地上，钢筋班根据工程进度和项目部的安排，做 2A 房二层楼地面浇捣混凝土前的准备工作。钢筋工卢某负责检查钢筋下面垫块放置情况。因工程刚进入结构一层施工，脚手架搭设高度还未超过二层楼地面的施工操作面。而且，脚手架在搭设时，没有按顺序、按规定在完成第一、第二步大横杆、搁栅设置后及时铺设竹底笆和围挡封闭的密目网。另外，搭设中的井架，二层楼地面的运料平台板亦未及时设置。上午 8 时左右，当卢某

图 1－11　井架运料平台未及时铺板，也无底笆和围挡密目网

检查在过程中行走到③－④轴井架处时，不慎摔倒从井架楼层运料平台缺口处坠落至地面，坠落高度约2.9m。事故发生后，项目部立即组织人员将卢某送往医院抢救，但卢某终因伤势过重救治无效，于7月28日晚上23时死亡。

图1－12 井架的防护设施不完善

二、事故原因分析

1. 直接原因

卢某急于完成钢筋班长张某分配的检查、整改钢筋垫块的工作，在二层楼地面周边无任何临边安全防护设施的情况下工作，加之本人自我保护意识差，摔倒后从缺口直接坠落，是造成本次事故的直接原因。

2. 间接原因

(1) 脚手架搭设，违反顺序、规定未及时设置竹底笆和密目网。

(2) 井架正在搭设，由于未及时设置二层楼地面的运料平台板，在③－④轴之间井架与墙体位置留下一个 $2.25m^2$ 左右的洞口。

(3) 卢某本人安全意识不强，虽佩戴了安全帽，但未扣好帽带，导致其在坠落时，安全帽即刻飞落，头部得不到保护。

(4) 项目部在一层结构支模、钢筋安装、检查、整改的施工阶段未采取任何临时安全措施。

(5) 项目部忙于抓施工进度，在安全防护设施不到位的情况下，继续安排施工。

(6) 项目部对职工安全教育、宣传力度不够。施工人员自我保护意识差，安全生产观念淡薄。

3. 主要原因

2A 房施工面无安全防护设施，卢某安全意识不强，违反安全生产六大纪律未扣好安全帽带就进入施工现场进行施工，是造成本次事故的主要原因。

三、事故预防及控制措施

1. 公司与项目部安全部门召开了全体施工人员会议，进行安全生产再教育与培训，提高职工自我保护意识，对所有工种，在施工前进行安全技术交底，并督促实施。

2. 按照“四不放过”的原则，分清事故原因，抓好安全措施落实，消除事故隐患。

3. 本着谁抓生产，谁负责安全的原则，各级管理人员及班组长要各尽其责，各尽所能，加强安全管理督促安全措施落实。

4. 吸取事故教训举一反三，强化安全生产责任制，健全并严格执行安全生产各项管理制度，做到有章可循。

四、事故处理结果

1. 本起事故直接经济损失约为 18 万元。

2. 事故发生后，事故单位根据事故调查小组的意见，对本次事故负有一定责任者进行了相应的处理：

(1) 项目经理吴某，对施工现场安全管理不严，对本次事故负有不可推卸责任，给予罚款的处分。

（2）公司安全科长凌某，对项目安全教育力度不够，对本次事故负有不可推卸责任，给予罚款的处分。

（3）钢筋班长张某，对班组职工安全教育、交底不够，对本次事故负有不可推卸责任，给予罚款的处分。

（4）安全员吕某，对施工现场安全检查监督不严，给予调离工作岗位的处分。

（5）钢筋工卢某，安全意识不强，虽戴了安全帽但未扣好安全帽带，对本次事故负有一定责任，鉴于已死亡，故免予追究。

高处坠落事故案例 8

一、事故概况

2002 年 8 月 30 日，在上海某建设总公司承包的某小区住宅楼工地上，油漆工负责人张某安排吉某、祁某二人粉刷 1 号楼阁楼。中午 12 时 20 分，他们二人到 1 号楼西单元 2 层配料，大约 10 分钟后。祁某去厕所方便，吉某独自一人上 6 层阁楼操作施工，不慎摔倒从阁楼的上人洞坠落（上人洞口尺寸为：1000mm×1200mm，离地高约 2.7m）。当祁某方便后，来到 6 楼时，发现吉某已摔倒在地，并侧卧在 6 楼地板上，后脑勺正在流血，祁某立即呼救，项目部闻讯后，及时组织人员派车将吉某送往医院救治，但吉某终因伤势过重抢救无效，于当天晚上 19 时 30 分死亡。

二、事故原因分析

1. 直接原因

上人洞无安全防护设施。按照建设部有关安全规定和要求，应在 6 层阁楼上人洞加盖或设置防护栏杆。而事故现场没有相应的安全防护设施，吉某摔倒后从洞口直接坠落，是造成本次事故的直接原因。

2. 间接原因

（1）安全管理存在漏洞。工地负责人张某对油漆班在阁楼施工作业，安全技术交底不够，上岗前未全面进行技术方面、安全方面的书面交底，尤其是对上人洞口（老虎口）作业未作专门的安全教育和具体布置要求。

（2）安全监督检查不力。工地负责人、油漆班班长对进入施工现场的作业人员安全检查不力，作业人员未佩戴安全帽就进入

图 1－13　上人洞（老虎口）未加盖，也未设防护栏杆

施工现场进行施工的违章现象未得到及时制止。对施工现场阁楼上人洞无安全防护设施，存在严重事故隐患未及时发现并按规定予以整改。

(3) 吉某本人安全意识淡薄，对安全生产存在侥幸心理。由于天气炎热，为贪图凉快，施工作业时未按六大纪律规定佩戴安全帽。从2.7m坠落后，直接伤及头部，导致伤害程度加大。

3. 主要原因

1号楼6层阁楼上人洞无安全防护设施，吉某本人违反安全生产六大纪律未佩戴安全帽就进入施工现场进行施工，是造成本次事故的主要原因。

三、事故预防及控制措施

1. 公司在事故现场召开有各级管理人员、班组长参加的事故分析会，并落实整改措施。对事故血的教训，举一反三，开展正、反两方面的教育。从遵守建筑行业安全生产的基本要求出发，并根据事故隐患、安全设施的缺陷等具体情况落实整改措施。

2. 建立健全和落实各项安全生产管理制度，加强安全检查监督以及危险部位、危险过程的监控。

3. 加强对全体施工人员的安全教育，督促职工一定要做到按操作规程作业，遵章守纪、文明施工。

4. 加强对施工现场的安全管理，严格规范各级管理人员、施工人员的安全行为。安全检查要全面细致，遮盖措施责任到人落到实处。

四、事故处理结果

1. 本起事故直接经济损失约为17万元。

2. 事故发生后，事故单位根据事故调查小组的意见，发文对本次事故负有一定责任者进行了相应的处理：

(1) 项目经理朱某落实安全防护措施不力，对本次事故负主要责任，给予罚款的处分。

(2) 施工负责人王某，安全管理监督不严，对本次事故负直接责任，责令其作出深刻书面检查，并给予罚款的处分。

（3）油漆工负责人张某，缺乏安全检查，安全措施不实，对本次事故负有一定责任，责令其作出深刻书面检查，并给予罚款的处分。

（4）油漆工吉某，违反安全生产六大纪律未佩戴安全帽就进入施工现场进行作业，对本次事故负有重要责任，鉴于已死亡，不予追究。

高处坠落事故案例 9

一、事故概况

2002 年 11 月 13 日，在浙江某建工集团有限公司承建的某大学教师公寓工地上，木工谢某、赵某根据项目部的安排，到 1 号楼 14 层屋顶支设水箱模板。下午 17 时 20 分左右，谢某在完成屋顶水箱支模工作后，手持工具从外脚手架下来时，不慎脚底打滑重心失稳，人从外脚手架安全围护密目网被拆开的部位窜出，坠落至屋面，后脑着地，坠落高度为 3.8m。事故发生后，赵某与施工现场其他职工立刻将谢某抬下，并送往医院抢救，因谢某伤势严重抢救无效死亡。

二、事故原因分析

1. 直接原因

严重违章作业，又没有扣好安全帽带，且在从脚手架下来时，手上拿的工具太多（锯子、电钻、扳手、锤子），不慎失足坠落至屋面，是造成本次事故的直接原因。

2. 间接原因

(1)项目部对职工的安全教育力度不够,部分职工安全意识薄弱。

(2) 现场安全检查不力，屋面水箱部位外脚手架的部分安全围护密目网被拆开，没有及时发现和纠正。

3. 主要原因

赵某安全意识淡薄，严重违章作业，又没有扣好安全帽带，且在从脚手架下来时，手上拿的工具太多（锯子、电钻、扳手、锤子），不慎失足坠落至屋顶，是造成本次事故的主要原因。

三、预防及控制措施

1. 立即暂缓施工，针对事故情况，由项目部负责对工地现场的安全防护设施、施工用电、临边洞口、施工机械等进行全面检查和整改。

2. 对全体职工进行三天全日制安全教育，并进行安全知识

图 1－14　当事人手拿工具下脚手架时，不慎脚底打滑从拆开的密目网处坠落

的考试。

3. 现场项目部全体管理人员开会分析总结，从事故中吸取教训，加强安全管理。

4. 积极开展以“反违章作业、反违章指挥、规范施工行为，减少伤亡事故”为主题的安全专项整治活动。

5. 认真组织项目部管理人员和各班组学习《中华人民共和国安全生产法》以及相关的安全知识和规范标准。

6. 提高职工的安全意识和自我保护能力，开展安全生产宣传活动，加强对职工的安全教育。

四、事故处理结果

1. 本起事故直接经济损失约为14万元。

2. 事故发生后，事故单位根据事故调查小组的意见，对本次事故负有一定责任者进行了相应的处理：

(1) 项目部对施工现场安全管理、检查监督、整改措施不力，对本次事故负有重要责任，决定给予罚款的处分。

(2) 项目经理陶某，对施工人员安全管理、安全教育不够，对本次事故负有领导责任，决定给予罚款的处分。

(3) 项目技术负责人杨某，对施工现场安全设施检查监督、整改措施不力，对本次事故负有管理责任，决定给予罚款的处分。

(4) 项目部安全员孟某，对施工现场安全设施疏于检查、监督、整改，对本次事故负有一定责任，决定给予罚款的处分。

(5) 木工班长赵某，对班组成员安全教育、交底不够，对本次事故负有一定责任，决定给予罚款的处分。

(6) 木工谢某，安全意识淡薄，严重违章作业，对本次事故负有主要责任，鉴于已死亡，不予追究。

高处坠落事故案例 10

一、事故概况

2002年12月10日，在上海某建设开发公司总包、某钢结构有限公司分包的某钢结构生产车间工地上，钢结构有限公司安装班组根据施工进度，在车间7m高的钢结构屋架上，进行敷设屋面板的前道工序敷贴铝箔纸作业。上午，因屋面板上有霜，脚踩上去很滑，为安全起见，未进行施工。中午12时，班长王某带领向某等八人来到屋面上进行施工。13时30分，安装班组其中一名职工向某，站在彩钢板边口由西向东做前道工序敷贴铝箔纸时，由于彩钢板侧口受力不均下垂，致使向某身体失去重心，人摔倒后穿过铝箔纸从钢结构屋面坠落，后脑着地，人当场头部出血并昏迷。事故发生后，现场施工负责人立即组织人员对向某进行抢救，并叫救护车急送医院，经院方全力抢救无效向某于当日14时死亡。

二、事故原因分析

1. 直接原因

职工向某，在无任何防护措施的情况下，到7m高的高空进行高处作业，贴屋面铝箔纸时，身体失去重心导致坠落，是造成本次事故的直接原因。

2. 间接原因

项目部未对作业班组（包括向某在内）进行必要的安全技术交底，向某对作业环境存在的安全隐患未提出异议，自我保护意识和安全防范意识不强，是造成本次事故的间接原因。

3. 主要原因

项目部对高处危险作业未采取任何防护措施，屋面上未设置生命线，屋架下未设置防坠落网，高处作业操作人员未配备安全带，严重违反（JGJ80—91）《建设施工高处作业安全技术规范》的规定，是造成本次事故的主要原因。

三、事故预防及控制措施

1. 召开公司所有工程项目部经理及负责人会议，针对本次事故教育和提高管理人员做好安全工作的重要性。同时，吸取本次事故的沉痛教训，举一反三，从思想上提高认识，牢固树立安全第一，预防为主观念。增强责任感、紧迫感，切实把安全工作抓实抓好，防止事故再次发生。

2. 对施工现场作业人员进行高处作业安全生产的专项教育、培训，增强职工自我保护意识和安全防范意识。

3. 对高处作业等危险作业必须进行有针对性的、全面的安全技术交底，配备个人劳防用品（安全帽、安全网、安全带），并在作业时正确使用。

4. 严格按照国家的规范、标准进行设置相应的安全防护设施，并在施工中派专人进行监护。

5. 严格执行各项安全生产规章制度，落实各级安全生产责任制，加强对施工现场的安全检查监督，发现事故隐患立即按三定原则进行整改，确保安全生产。

四、事故处理结果

1. 本起事故直接经济损失约为16万元。

2. 事故发生后，总、分单位根据事故调查小组的意见，对本次事故负有一定责任者进行了相应的处理：

(1)分包公司对项目部教育管理不严，监控不力，导致项目部管理混乱，对本次事故负有领导责任，法人代表周某作深刻书面检讨。

(2) 总包项目经理潘某，对施工现场重大危险源未采取控制措施，施工过程中缺乏有效监护，对本次事故负有重要责任，责令其作深刻书面检讨，并予以罚款的处分。

(3)安装班组职工向某，自我保护意识和安全防范意识不强，对本次事故负有一定责任，鉴于已在事故后死亡，故不予追究。

二、机械伤害事故

机械伤害事故案例 1

一、事故概况

2002 年 2 月 27 日，在上海某基础公司总承包、某建设分承包公司分包的轨道交通某车站工程工地上，分承包单位进行桩基旋喷加固施工。上午 5 时 30 分左右，1 号桩机（井架式旋喷桩机）机操工王某，辅助工冯某、孙某三人在 C8 号旋喷桩桩基施

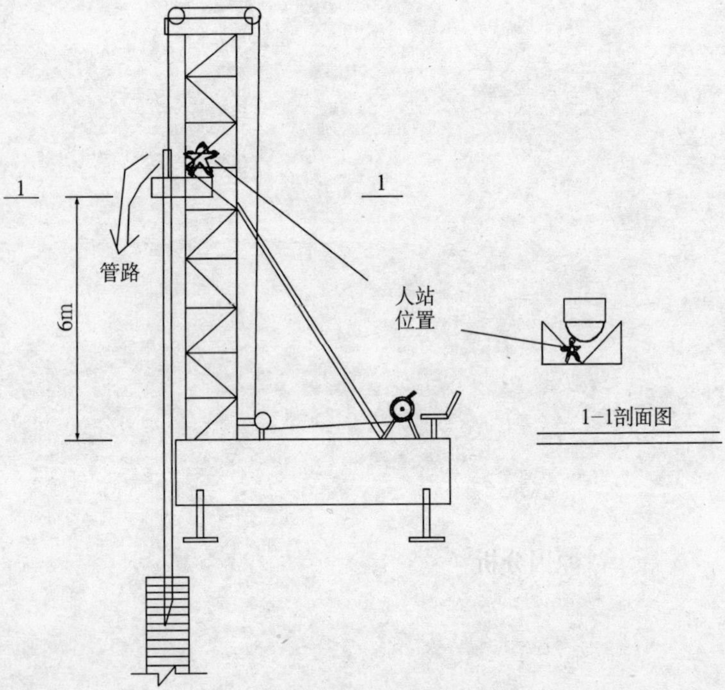

图 2－1　当事人在未停机情况下爬上机架维修，遭到伤害

工时，辅助工孙某发现桩机框架上部 6m 处油管接头漏油，在未停机的情况下，由地面爬至框架上部去排除油管漏油故障（桩机框架内径 650mm × 350mm）。由于天雨湿滑，孙某爬上机架后不慎身体滑落框架内档，被正在提升的内压铁挤压受伤，事故发生后，地面施工人员立即爬上桩架将孙某救下，并送往医院急救，经抢救无效孙某于当日 7 时死亡。

图 2－2　1 号桩机伤害事故现场

二、事故原因分析

1. 直接原因

辅工孙某在未停机的状态下，擅自爬上机架排除油管漏油故障，因天雨湿滑，身体滑落井架式桩机框架内档，被正在提升的动力头压铁挤压致死。孙某违章操作，是造成本次事故的直接原因。

2. 间接原因

(1) 机操工王某，作为C8号旋喷桩机的机长，未能及时发现异常情况并采取相应措施。

(2) 总承包单位对分承包单位日常安全监控不力，安全教育深度不够，并且对分承包单位施工超时作业未及时制止，对分承包队伍现场监督管理存在薄弱环节。

3. 主要原因

分承包项目部对现场安全管理落实不力，对职工安全教育不力，安全交底和安全操作规程未落到实处；施工人员工作时间长(24小时分两班工作)造成施工人员身心疲劳、反应迟缓，是造成本次事故的主要原因。

三、事故预防及控制措施

1. 工程暂停施工，进行全面整顿。

2. 事故发生后，立即通报全体职工，总、分包公司召开会议通报事故发生经过，并在事故现场召开全体员工紧急会议进行安全生产规章制度教育和稳定职工情绪，以增强全体职工安全生产、自我保护和遵章守纪意识。

3. 立即组织项目现场负责人、安全员等有关人员对施工现场的施工用电、各种机械设备及相关设施等进行安全大检查，对查出的安全隐患定人、定时、定措施进行整改。杜绝漏洞，防止发生类似事故。

4. 对全体管理人员、施工人员按“四不放过”原则进行专题教育吸取事故教训。组织项目全体职工和管理人员认真学习JGJ33—2001《建筑机械使用安全技术规程》，认真落实施工安全技术交底，杜绝违章作业，合理安排工人作息时间。

四、事故处理结果

1. 本起事故的直接经济损失约为15.5万元。

2. 事故相关单位根据事故联合调查小组的调查分析、建议，对有关责任人作以下处理：

(1) 分承包单位项目负责人顾某，管理不力，措施不到位，对本次事故负有管理责任，予以行政警告处分，并进行经济处罚。

(2) 分承包单位项目施工员宋某，作息时间安排不合理，安全管理未落到实处，对本次事故负有管理责任，予以行政记过处分，并进行经济处罚。

(3) 分承包单位旋喷桩机机长王某，未能及时发现和制止违章作业，对本次事故负有不可推卸责任，予以开除公职处分，并进行经济处罚。

(4) 总承包单位项目经理张某，对施工现场安全管理不力，对本次事故负有管理责任，予以行政口头警告处分，并处以罚款。

(5) 辅助工孙某，违章作业，在未停机的状态下，擅自爬上机架排除油管漏油故障，对本次事故负有一定责任，鉴于已在事故中死亡，故不予追究。

机械伤害事故案例 2

一、事故概况

2002 年 4 月 24 日，在某中建局总包、广东某建筑公司清包的动力中心及主厂房工程工地上，动力中心厂房正在进行抹灰施工，现场使用一台 JGZ350 型混凝土搅拌机用来拌制抹灰砂浆。上午 9 时 30 分左右，由于从搅拌机出料口到动力中心厂房西北侧现场抹灰施工点约有 200m 左右的距离，两台翻斗车进行水平运输，加上抹灰工人较多，造成砂浆供应不上，工人在现场停工待料。身为抹灰工长的文某非常着急，到砂浆搅拌机边督促拌料。因文某本人安全意识不强，趁搅拌机操作工去备料而不在搅拌机旁的情况下，私自违章开启搅拌机，且在搅拌机运转过程中，将头伸进料口查看搅拌机内的情况，被正在爬升的料斗夹到其头部后，人跌落在料斗下，料斗下落后又压在文某的胸部，造成头部大量出血。事故发生后，现场负责人立即将文某急送医院，经抢救无效，于当日上午 10 时左右死亡。

二、事故原因分析

1. 直接原因

身为抹灰工长的文某，安全意识不强，在搅拌机操作工不在场的情况下，违章作业，擅自开启搅拌机，且在搅拌机运行过程中将头伸进料斗内，导致料斗夹到其头部，是造成本次事故的直接原因。

2. 间接原因

(1) 总包单位项目部对施工现场的安全管理不严，施工过程中的安全检查督促不力。

(2) 清包单位对职工的安全教育不到位，安全技术交底未落到实处，导致抹灰工擅自开启搅拌机。

(3) 施工现场劳动组织不合理，大量抹灰作业仅安排三名工人和一台搅拌机进行砂浆搅拌，造成抹灰工在现场停工待料。

(4) 搅拌机操作工为备料而不在搅拌机旁，给无操作证人员违章作业创造条件。

(5) 施工作业人员安全意识淡薄，缺乏施工现场的安全知识和自我保护意识。

3. 主要原因

抹灰工长文某，违章作业，擅自操作搅拌机，是造成本次事故的主要原因。

三、事故预防及控制措施

1. 工程施工必须建立各级安全管理责任，施工现场各级管理人员和从业人员都应按照各自职责严格执行规章制度，杜绝违章作业的情况发生。

2. 施工现场的安全教育和安全技术交底不能仅仅放在口头，而应落到实处，要让每个施工从业人员都知道施工现场的安全生产纪律和各自工种的安全操作规程。

3. 现场管理人员必须强化现场的安全检查力度，加强对施工危险源作业的监控，完善有关的安全防护设施。

4. 施工现场应合理组织劳动，根据现场实际工作量的情况配置和安排充足的人力和物力，保证施工的正常进行。

5. 施工作业人员也应进一步提高自我防范意识，明确自己的岗位和职责，不能擅自操作自己不熟悉或与自己工种无关的设备设施。

四、事故处理结果

1. 本起事故的直接经济损失约为22.25万元。

2. 两家事故单位根据事故联合调查小组的调查分析，对有关责任人作以下处理：

(1) 清包企业领导缺乏对职工的安全上岗教育，违反五大规程“关于安全教育”的规定，对本次事故负有领导责任，法人代表刘某，作书面检查；分管安全生产的副经理金某，给予罚款的处分。

(2) 清包企业驻现场负责人顾某，对施工现场的安全管理不力，对本次事故负有重要责任，给予行政警告和罚款的处分。

(3) 总包项目经理于某，对现场的安全检查监督不力，对本次事故负有一定的责任，给予罚款的处分。

(4) 总包法人代表林某，对现场的安全管理不够，对本次事故负有领导责任，作书面检查。

(5) 抹灰工长文某，在搅拌机操作工不在场的情况下，私自违章操作搅拌机，在本次事故中负有主要责任，鉴于已死亡，故免于追究。

机械伤害事故案例 3

一、事故概况

2002 年 9 月 7 日，在上海某建设总承包公司总包、某安装有限公司分包的厂房工地上，根据项目部施工安排，外借的 QY－25A 汽车吊以及司机陆某，进行厂房钢柱吊装作业。上午 7 时左右，汽车吊司机陆某，吊装完第一根钢柱后准备再起吊第二根钢柱时，因吊点远离吊钩，所以将汽车吊起重臂伸长。当起重臂伸长到 10 多米并继续伸长时，由于副吊钩钢丝绳安全长度已达极限，副吊钩将起重臂顶上钢丝绳保险崩断后，连同钢丝绳一起坠落至汽车吊的右侧。由于钢丝绳的弹性作用，致使副吊钩向右坠下，直接砸在了离汽车吊右侧 1 米多的总包单位吊装辅助工范某头顶的安全帽上，安全帽被砸坏，伤及头部、右腿。事故发生后，工地人员立即将伤者送往医院，经抢救无效死亡。

二、事故原因分析

1. 直接原因

QY－25A 汽车吊司机陆某，违反 JGJ33—2001《建筑机械使用安全技术规程》第 4.3.7 条“起重臂伸缩时，应按规定程序进行，在伸臂的同时应相应下降吊钩，当限制器发出警报时，应立即停止伸臂”的操作规程，伸臂过长又未降吊钩，导致副吊钩将起重臂顶上钢丝绳保险崩断后，砸在范某头顶上，是造成本次事故的直接原因。

2. 间接原因

（1）分包单位通过个人向其他公司租赁起重机械，设备管理混乱。

（2）分包单位对汽车吊必须的安全装置未作具体要求。

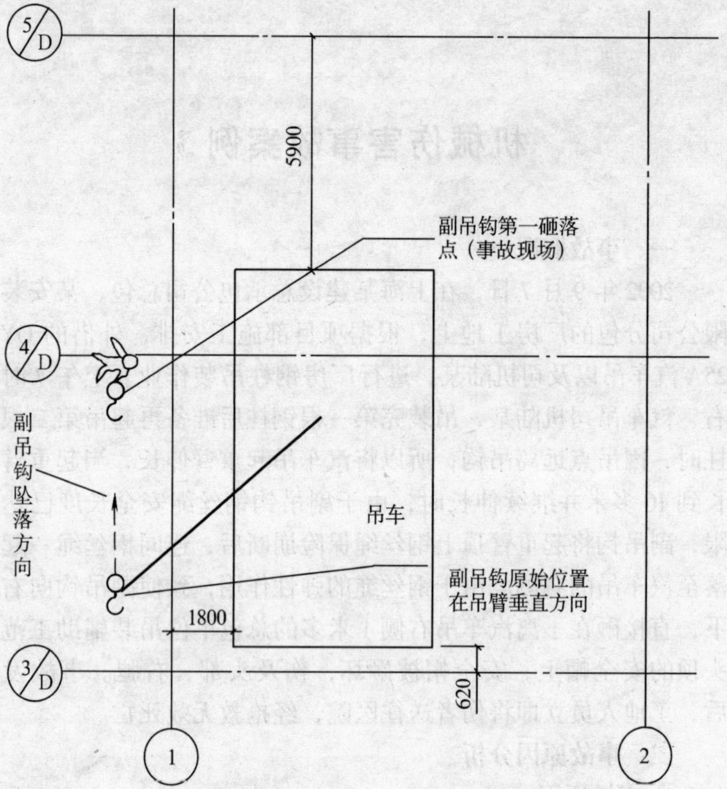

图 2－3　汽车吊副吊钩砸人事故现场示意

（伸臂过高、又未降吊钩，导致起重臂顶部保险崩断）

（3）分包单位在汽车吊进场后，未按规定进行检查验收工作。

（4）总包单位对分包单位向外租赁起重机械，未进行监督、管理。

3．主要原因

（1）分包单位向外租赁的汽车吊安全装置不齐全，未按规定设置吊钩高度限位。

图 2-4　被拉坏的滑轮钢丝绳防跳槽装置

(2) 分包单位 QY-25A 汽车吊司机陆某，严重违反操作规程。

三、事故预防及控制措施

1. 总包单位应加强对整个施工现场的监控和管理，确保安全施工。

2. 总包单位应加强对租赁的机械设备的检查监督、使用管理。

3. 总包单位加强对施工现场操作人员的安全教育，增强职工安全防范意识和自我保护意识，做到“三不伤害”。

4. 分包单位加强对机械设备租赁管理，履行合同签订手续。加强机械设备的进场检查、验收工作以及使用管理工作，保持机械设备的完好和安全保护装置齐全、灵敏、可靠，确保安全运行。做到安全性能不符合规定的机械设备不进入施工现场。加强对机械操作人员的安全教育，遵章守纪，严格执行操作规程。

5. 总包和分包单位都应加强施工现场的安全监督和安全检查，落实整改措施，确保施工现场的安全生产。

四、事故处理结果

1. 本起事故直接经济损失约为13万元。

2. 事故发生后，总、分包单位根据事故调查小组的意见，分别对本次事故负有一定责任者进行了相应的处理：

(1) 分包单位公司设备负责人印某，对汽车吊的安全装置未作要求，致使无安全限位装置的汽车吊进场施工作业，对本次事故负有管理责任，责令其作出深刻的书面检查，给予行政警告和罚款的处分。

(2) 总包项目经理张某，对现场施工人员安全教育不够，对分包队伍设备租赁管理不到位，对本次事故负有一定的管理责任，责令其作出的书面检查，并予以罚款。

(3) 汽车吊司机陆某，严重违章操作，对本次事故负有重大责任，由有关部门依法追究责任。

机械伤害事故案例4

一、事故概况

2002年10月16日，在上海某建筑企业总包、广东某建安总公司分包的高层工地上，下午5时30分，瓦工班普工杨某在完成填充墙上嵌缝工作后，站在建筑物15层施工电梯通道板中间两根道竖管边准备下班。当时施工电梯东笼装着混凝土小车向上运行，电梯操作工听到上面有人呼叫，就将电梯开到16层楼面，发现16层没有人，就再启动电梯往下运行，在下行至15层不到处，正好压在将头部与上身伸出道竖管探望施工电梯运行情况的瓦工班普工杨某头部左侧顶部，以致其当场昏迷。当电梯笼内人员发现在15层连接运料平台板的电梯稳固撑上有人趴在上面，及时采取措施将伤者送往医院抢救，终因杨某头部脑颅外伤严重，抢救无效死亡。

二、事故原因分析

1. 直接原因

死者杨某，在完成填充墙上嵌缝工作后，擅自拆除道竖管的邻边防护措施，将头部与上身伸入正在运行的施工电梯轨迹中，是造成本次事故的直接原因。

2. 间接原因

（1）分包项目部施工电梯管理制度不健全、安全教育培训不够、安全检查不到位。

（2）作业班长安排工作时，未按规定做好安全监护工作。

（3）总包单位对施工现场的安全管理力度不够，未严格实施总包单位对现场管理的具体要求，对安全隐患整改的监督不力。

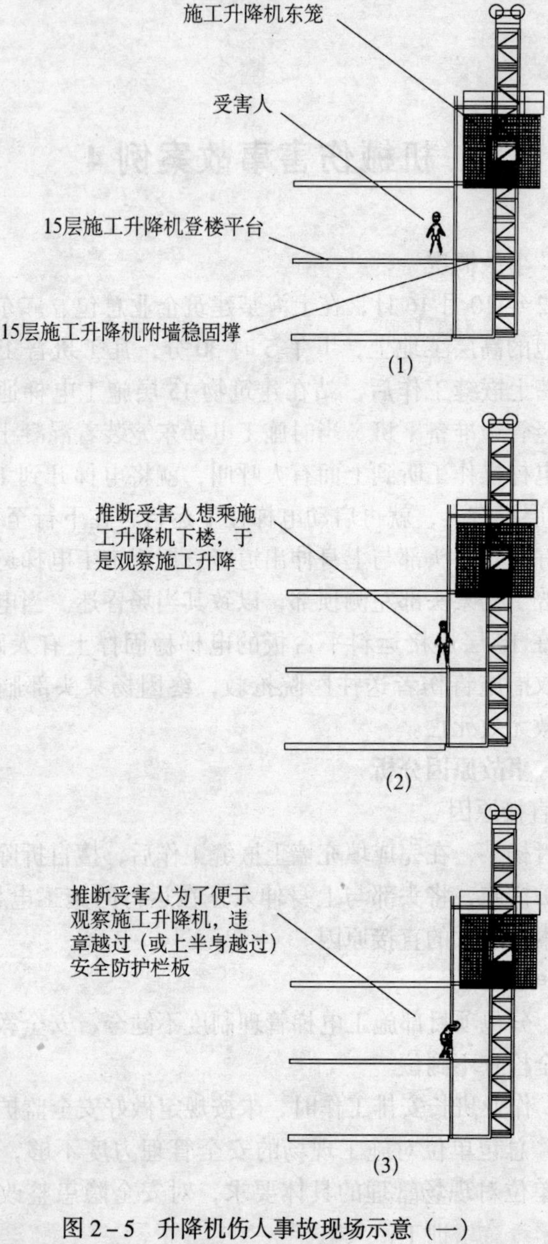
施工升降机东笼
受害人
15层施工升降机登楼平台
15层施工升降机附墙稳固撑
(1)
推断受害人想乘施
工升降机下楼，于
是观察施工升降
(2)
推断受害人为了便于
观察施工升降机，违
章越过（或上半身越过）
安全防护栏板
(3)

图 2－5　升降机伤人事故现场示意（一）

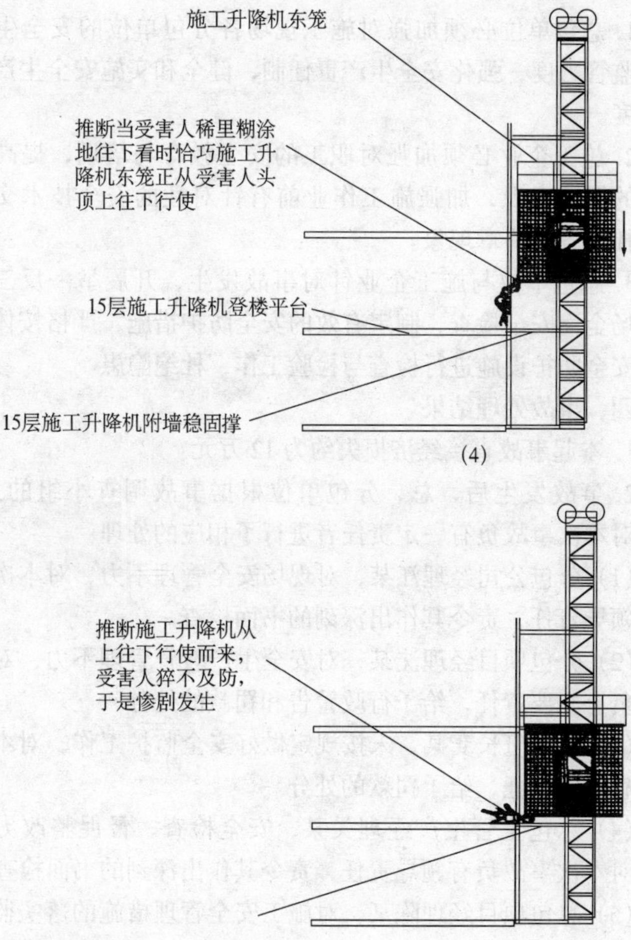
施工升降机东笼
推断当受害人稀里糊涂
地往下看时恰巧施工升
降机东笼正从受害人头
顶上往下行使
15层施工升降机登楼平台
15层施工升降机附墙稳固撑
(4)
推断施工升降机从
上往下行使而来，
受害人猝不及防，
于是惨剧发生
(5)

图2-5　升降机伤人事故现场示意（二）

3. 主要原因

施工企业安全管理松懈，安全措施的安装不牢固，对施工人员的安全教育培训工作不够深入，是造成本次事故的主要原因。

三、事故预防及控制措施

1. 总包单位必须加强对施工现场各分包单位的安全生产管理的监管力度，强化安全生产责任制，健全和实施安全生产的规章制度。

2. 施工企业必须加强对职工的安全教育与培训，提高职工自我的保护意识，加强施工作业前有针对性的安全技术交底工作，杜绝各类违章现象。

3. 总包单位与施工企业针对事故发生，开展举一反三，实施现场全面安全检查，制定有效的安全防护措施，严格按体系要求对安全防护设施进行检查与检验工作，杜绝隐患。

四、事故处理结果

1. 本起事故直接经济损失约为12万元。

2. 事故发生后，总、分包单位根据事故调查小组的意见，分别对本次事故负有一定责任者进行了相应的处理：

(1) 分包公司经理江某，对现场安全管理不力，对本次事故负有领导责任，责令其作出深刻的书面检查。

(2) 分包项目经理沈某，对安全生产教育管理不力，对本次事故负有主要责任，给予行政警告和罚款的处分。

(3) 作业班长龚某，未按规定做好安全监护工作，对本次事故负有一定责任，给予罚款的处分。

(4) 总包主管生产经理吴某，安全检查、督促整改力度不够，对本次事故负有领导责任，责令其作出深刻的书面检查。

(5) 总包项目经理陈某，对施工安全管理措施的落实监督不力，对本次事故负有管理责任，责令其作出深刻书面检查，并给予经济处罚。

(6) 杨某安全意识差，擅自拆除道竖管的邻边防护措施，将头部与上身伸入正在运行的施工电梯轨迹中而导致事故发生，对本次事故负有重要责任，鉴于已死亡，故不予追究。

机械伤害事故案例 5

一、事故概况

2002 年 12 月 27 日晚，在上海某安装工程公司承建的某市郊工地上，12 号楼进行夜间施工，浇筑西二单元六层楼面混凝土。班组长分配李某等三人负责混凝土出料，其中李某负责将井架吊篮内的空车拉出，另两人负责将装满混凝土的小推车拉到井架进料口,并协助李某将小推车送进吊篮,每次吊运两车混凝土。28 日凌晨 2 时左右，李某将第二车放好后也出了吊篮，当班负责开卷扬机的机操工汪某见李某出了吊篮，即准备开机提升吊篮。但此时李某又进了吊篮，欲将没有放稳的小推车停稳。由于李某没打手势信号通知汪某，而汪某亦因为夜间视线不清，没注意到李某第二次进入吊篮，就先按了一下按钮微动提升吊篮（这是夜间操

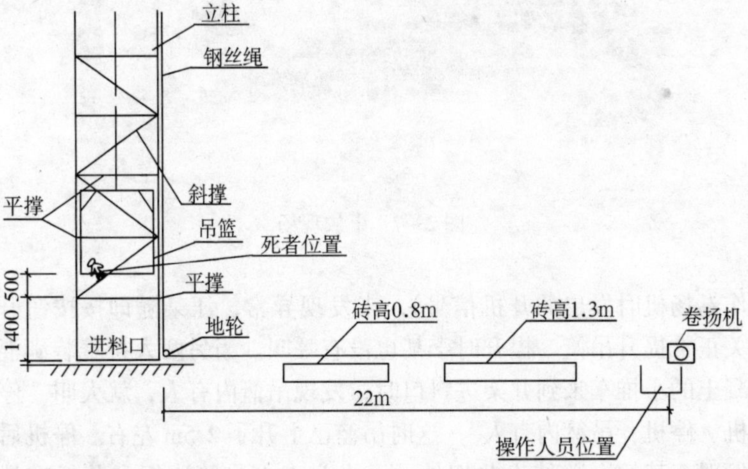

图 2-6　升降吊篮夹伤人的现场示意图

图 2-7　事故现场

作卷扬机时发出的开机信号），未发现异常，汪某随即按按钮开关正常提升吊篮。提升时李某也没有呼叫。当另两人拉着装满混凝土的小推车来到井架进料口时，发现吊篮内有人，就大叫“停机、停机，吊篮内有人”，这时吊篮已上升了 2.5m 左右。停机后发现李某的右腿伸出井架外，上半身夹在吊篮边框和井架支撑间。此时其他人赶来后叫快将吊篮放下，当吊篮下降 60～70cm

时，李某从吊篮内掉了下来，当场死亡。

二、事故原因分析

1. 直接原因

李某严重缺乏个人安全保护意识，未向卷扬机操作工发出信号，就擅自第二次进入吊篮，而吊篮提升后又不立即呼叫停机，却慌忙外逃，是造成本次事故的直接原因。

2. 间接原因

(1) 机操工汪某警惕性不高，注意力不集中，对李某第二次进入吊篮没有注意到，而继续提升吊篮。

(2) 深夜施工，虽有照明，但视线不清晰，加之操作前方有砖堆放，给操作判断带来影响。

(3) 施工现场安全管理人员对员工安全教育和安全交底不够，现场施工无安全监控。

(4) 劳动组织不合理，为抢进度进行夜间加班施工。

3. 主要原因

李某缺乏自我保护的安全意识，违章作业，是造成本次事故的主要原因。

三、事故预防及控制措施

1. 企业进一步建立和完善施工现场安全生产管理制度，落实各级施工人员的岗位责任制，健全管理网络，做到以人定岗，以岗定责，形成专管成线、群管成网的安全管理体系。

2. 加强对现场作业人员安全生产的教育培训和宣传工作，提高职工的安全防范意识和自我保护、相互保护的能力。

3. 增加安全设施的投入，规范与完善施工现场的设施、设备，为施工现场安全生产提供物质保证。

4. 在施工现场正确处理和摆正安全、质量与进度的关系，严格控制夜间加班施工，严禁职工疲劳作业。

5. 建立严格的安全检查制度，加强现场的安全检查力度，对违章指挥、违章作业的行为立即进行处理，发现安全隐患立即进行整改。

四、事故处理结果

1. 本起事故直接经济损失约为20万元。

2. 事故单位根据调查情况，对事故有关责任人作如下处理：

(1) 项目经理郑某，平时对职工安全教育抓得不力，对本次事故负有管理责任，给予罚款的处分。

(2) 安全员陈某，对职工安全教育、安全监督不够，对本次事故负有一定责任，给予罚款的处分。

(3) 机操工汪某，警惕性不高，工作责任心不强，对本次事故负有一定责任，给予停止卷扬机操作工作，并处以罚款。

(4) 李某自我保护安全意识差，违章作业，对本次事故负有重要责任，鉴于已在事故中死亡，故免予追究。

三、触电事故

触电事故案例1

一、事故概况

2002年7月21日，在上海某建设实业发展中心承包的某学林苑4号房工地上，水电班班长朱某、副班长蔡某，安排普工朱某、郭某二人为一组到4号房东单元4~5层开凿电线管墙槽工作。下午1时上班后，朱、郭二人分别随身携带手提切割机、锤子、凿头、开关箱等作业工具进行作业。朱某去了4层，郭某去了5层。当郭某在东单元西套卫生间开凿墙槽时，由于操作不慎，切割机切破电线，使郭某触电。下午14时20分左右，木工陈某路过东单元西套卫生间，发现郭某躺倒在地坪上，不省人事。事故发生后，项目部立即命人将郭某送往医院，经抢救无效死亡。

图3-1　切割机使用不慎触电身亡

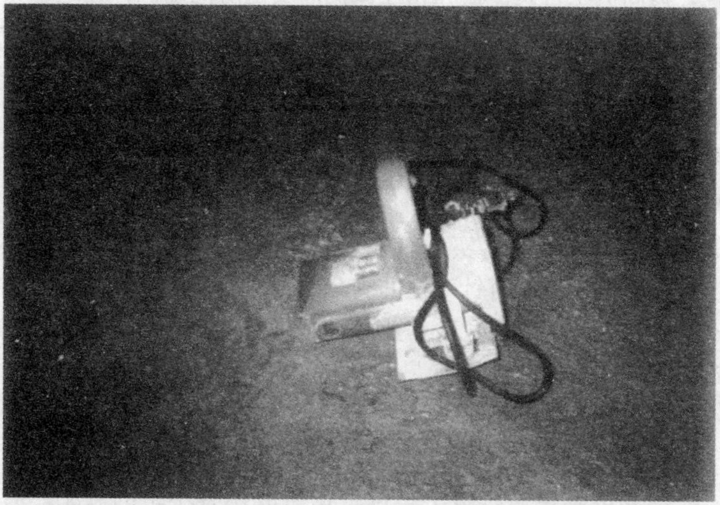

图 3－2　触电事故所用切割机

二、事故原因分析

1. 直接原因

郭某在工作时，使用手提切割机操作不当，以致割破电线造成触电，是造成本次事故的直接原因。

2. 间接原因

（1）项目部对职工安全教育不够严格，缺乏强有力的监督。

（2）工地对施工班组安全操作交底不细，现场安全生产检查监督不力。

（3）职工缺乏相互保护和自我保护意识。

3. 主要原因

施工现场用电设备、设施缺乏定期维护、保养，开关箱漏电保护器失灵，是造成本次事故的主要原因。

三、事故预防及控制措施

1. 企业召开安全现场会，对事故情况在全企业范围内进行通报，并传达到每个职工，认真吸取教训，举一反三，深刻检查，提高员工自我保护和相互保护的安全防范意识，杜绝重大伤亡事故的发生。

2. 立即组织安全部门、施工部门、技术部门以及现场维修电工等对施工现场进行全面的安全检查，不留死角。对查出的机械设备、电器装置等各种事故隐患马上定人、定时、定措施落实整改不留隐患。

3. 进一步坚决落实各级人员的安全生产岗位责任制，进一步加强对职工进行有针对性的安全教育、安全技术交底，并加强安全动态管理，加强危险作业和过程的监控，进一步规范、完善施工现场安全设施。

四、事故处理结果

1. 本起事故直接经济损失约为16万元。

2. 事故发生后，施工单位根据事故调查小组的意见，对本次事故负有一定责任者进行了相应的处理：

(1) 公司总经理范某，对项目部安全管理不够，对本次事故负有领导责任，给予作出书面检查的处分。

(2) 公司副总经理曹某，对项目部安全管理、检查监督不严，对本次事故负有领导责任，给予作出书面检查的处分。

(3) 项目经理石某，对职工安全教育、交底不到位，对本次事故负有领导责任，作批评教育，并给予罚款的处分。

(4) 工地安全员周某，对施工现场安全检查、监督不严，对本次事故负有一定责任，给予通报批评，并处以罚款。

(5) 水电工班长朱某、副班长蔡某，对班组安全生产、安全教育不够，对本次事故负有一定责任，分别给予口头警告和罚款的处分。

(6) 普工郭某，使用手提切割机操作不当，对本次事故负有直接责任，鉴于已在事故中死亡，故免于追究。

触电事故案例 2

一、事故概况

2002 年 8 月 10 日，在上海某建筑工程有限公司承建的某住宅小区工地上，油漆班正在进行装饰工程的墙面批嵌作业。下午上班后，油漆工屈某在施工现场 47 号房西南广场处，用经过改装的手电钻搅拌机（金属外壳）伸入桶内搅拌批嵌材料。下午 15 时 35 分左右，泥工何某见到屈某手握电钻坐在地上，以为他在休息而未注意。大约 1 分钟后，发现屈某倒卧在地上，面色发黑，不醒人事。何某立即叫来油漆工班长等人用出租车将屈某急送医院，经抢救无效死亡。医院诊断为触电身亡。

图 3－3　当事人采用了擅自改装的手电钻搅拌机（把手系金属外壳）

图 3-4　违反“三级配电，二级保护”，采用临时插座，未接开关箱

图 3-5　私接电源，未经漏电保护

二、事故原因分析

1. 直接原因

屈某在现场施工中用不符合安全使用要求的手电钻搅拌机，本人又违反规定私接电源，加之在施工中赤脚违章作业，是造成本次事故的直接原因。

2. 间接原因

项目部对职工、班组长缺乏安全生产教育，现场管理不到位，发现问题未能及时制止，况且用自制的手枪钻作搅拌机使用，在接插电源时，未经漏电保护，违反“三级配电，二级保护”原则，是造成本次事故的间接原因。

3. 主要原因

公司虽对职工进行过进场的安全生产教育，但缺乏有效的操作规程和安全检查，加之屈某自我保护意识差，是造成本次事故的主要原因。

三、事故预防及控制措施

1. 召开事故现场会，对全体施工管理人员、作业人员进行反对违章操作、冒险蛮干的安全教育，吸取事故教训，落实安全防范措施，确保安全生产。

2. 公司领导，应提高安全生产意识，加强对下属工程项目安全生产的领导和管理，下属工程、项目部必须配备安全专职干部。

3. 项目部经理必须加强对职工的安全生产知识和操作规程的培训教育，提高职工的自我保护意识和互相保护意识，严禁职工违章作业，违者要严肃处理。

4. 法人代表、项目经理、安全员按规定参加安全生产知识培训，做到持证上岗。

5. 建立健全安全生产规章制度和操作规程，组织职工学习，并在施工生产中严格执行，预防事故发生。

6. 加强安全用电管理和电器设备的检查、检验，强化用电人员的安全用电的意识，加强现场维修电工的安全生产责任性，对施工现场的用电设备进行全面的检查和维修，消除事故隐患，确保用电安全。

四、事故处理结果

1. 本起事故直接经济损失约为16万元。

2. 事故发生后，施工单位根据事故调查小组的意见，对本次事故负有一定责任者进行了相应的处理：

(1) 公司法人代表姚某，对安全生产管理不力，对本次事故负有领导责任，责令其作书面检查。

(2) 项目经理朱某，放松对职工的安全生产管理和遵章守纪的教育，对本次事故负有管理责任，责令其作出书面检查，并处以罚款。

(3) 项目部安全员叶某，对施工现场安全生产监督检查不力，对本次事故负有一定责任，给予罚款的处分。

(4) 项目部油漆班长包某，提供不符合安全规定的电动工具，对本次事故负有一定责任，给予罚款的处分。

(5) 油漆工屈某，自我保护安全意识差，违章用电，赤脚作业，违反了安全生产规章制度，对本次事故负有一定责任，因本人已死亡，故不予追究。

触电事故案例 3

一、事故概况

2002 年 9 月 18 日，在江苏某公司总包，某设备安装工程公司分包的上海某联合厂房、办公楼工地上，分包单位正在进行水电安装和钢筋电渣压力焊接工程的施工。根据总包施工进度安排，下午 18 时，安装公司工地负责人施某安排电焊工宋某、李某以及辅助工张某加夜班焊接竖向钢筋。19 时 30 分左右，辅助工张某在焊接作业时，因焊钳漏电，被电击后从 2.7m 的高空坠落到基坑内不省人事。事故发生后，项目部立即派人将张某送到医院抢救，因伤势过重，抢救无效死亡。

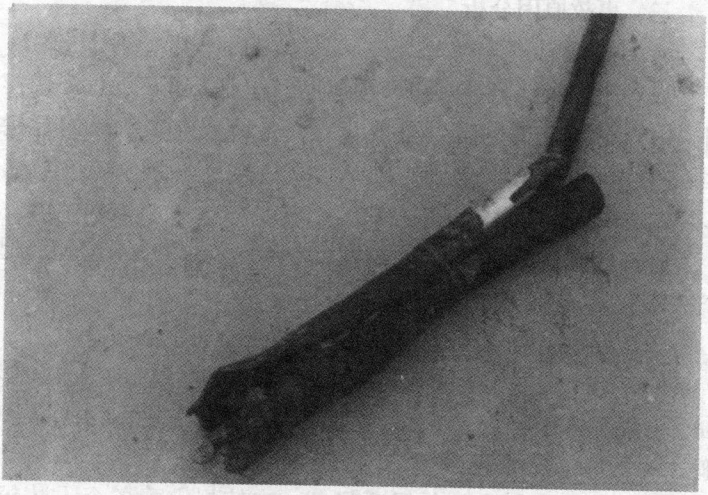

图 3－6　用破损漏电的焊钳施工，导致触电

图 3－7　电焊机未按规定装二次侧空载保护器

二、事故原因分析

1. 直接原因

设备附件有缺陷，焊钳破损漏电，作业人员在进行焊接作业时，因焊钳漏电遭电击后坠地身亡，是造成本次事故的直接原因。

2. 间接原因

(1) 分包项目部，安全生产管理不严，电焊机未按规定配备二次侧空载保护器。

(2) 分包单位公司对安全生产工作检查不细。

(3) 施工现场安全防护措施不落实，作业区域未搭设操作平台，电焊工张某坐在排架钢管上操作，遭电击后，因无防护措施，从 2.7m 高处坠落到基坑内。

(4) 分包设备安装公司项目部，未按规定配备个人防护用品。

(5) 总包单位项目部，施工现场安全生产管理不严，对分包单位安全生产监督不力。

3. 主要原因

根据事故发生的直接原因和间接原因分析，安全设施有缺陷，是造成本次事故的主要原因。

三、事故预防及控制措施

1. 加强机械设备管理，特别是电焊机要按照规定配备二次侧空载保护器，并经常检查电焊机运转情况，焊钳完好情况，发现破损要及时更换，防止漏电，严防事故重复发生。

2. 认真落实安全生产各项防护措施，施工现场要有安全通道，作业区域要搭设操作平台，“洞口”、“临边”防护措施必须真正落实，加强施工现场临时用电管理，电器设备的配置、用电线路的设置要按规范要求实施，确保临时施工用电安全。

3. 分包设备安装工程公司项目部要进一步加强对职工进行安全第一的思想教育，提高全员安全意识，严禁违章指挥、违章作业、无证操作，并按规定配备好个人防护用品，满足安全需要。

4. 总包单位要强化施工现场安全生产管理，加强安全生产检查，发现问题要及时采取整改措施，把事故隐患消灭在萌芽状态，并要加强对分包单位安全生产的监督力度，确保施工生产顺利进行。

四、事故处理结果

1. 本起事故直接经济损失约为 15 万元。

2. 事故发生后，总分包单位根据事故调查小组的意见，分别对本次事故负有一定责任者进行了相应的处理：

(1) 分包单位项目部经理施某，违反规定，电焊机未配置二次空载保护器、未及时发现焊钳破损以致漏电，对本次事故负有主要责任，给予行政警告和罚款的处分。

(2) 电焊班长张某，对作业人员要求不严，安排无证人员上岗进行焊接操作，对本次事故负有重要责任，给予行政记过和罚款的处分。

(3) 分包单位公司生产经理黄某，对安全生产工作重视不够，对本次事故负有领导责任，责令其写出书面检查，并给予罚款的处分。

(4) 总包单位项目经理刘某，对施工现场安全生产管理不严，对分包单位安全工作监督不力，对本次事故负有管理责任，责令其写出书面检查，并给予罚款的处分。

(5) 张某无证上岗，安全意识不强，对本次事故负有一定责任，鉴于本人已死亡，故不予追究。

触电事故案例 4

一、事故概况

2002 年 10 月 1 日，在上海某建筑公司承建的某别墅小区工地上，项目部钢筋组组长罗某和班组其他成员一起在 F 型 38 号房绑扎基础底板钢筋，并进行固定柱子钢筋的施工作业。因用斜撑固定钢筋柱子较麻烦，钢筋工张某（死者）就擅自把电焊机装在架子车上拉到基坑内，停放在基础底板钢筋网架上，然后将电焊机一次侧电缆线插头插进开关箱插座，准备用电焊固定柱子钢筋。当张某把电焊机焊把线拉开后，发现焊把到钢筋桩子距离不够，于是就把焊把线放在底板钢筋网架上，将电焊

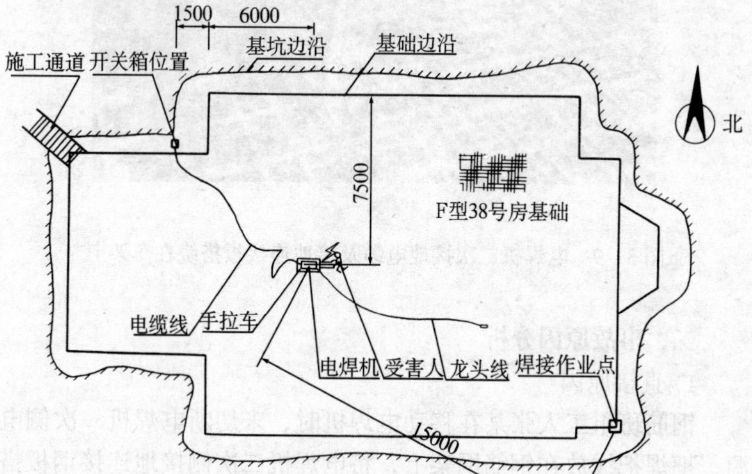

图 3－8　钢筋焊接触电事故现场示意

机二次侧接地电缆缠绕在小车扶手上，并把接地连接钢板搭在车架上，当脚穿破损鞋子的张某双手握住车扶手去拉架车时，遭电击受伤倒地。事故发生后，现场负责人立即将张某急送医院，经抢救无效死亡。

图 3－9　电焊机二次接地电缆及接地连接板搭绕在车架上

二、事故原因分析

1. 直接原因

钢筋班组工人张某在移动电焊机时，未切断电焊机一次侧电源，把焊把线放在钢筋网架上，将电焊机二次侧接地连接钢板搭在车架上，在空载电压作用下，经二次侧接地钢板、车架、人体、钢筋、焊把线形成通电回路，而张某鞋底破损不绝缘，是造成本次事故的直接原因。

2. 间接原因

职工未按规定穿着劳防用品，自我保护意识差，项目部对施工机具的管理无专人负责，对作业人员缺乏针对性安全技术交底，是造成本次事故的间接原因。

3. 主要原因

项目部未按规定对电焊机配置二次空载降压保护装置，在基础等潮湿部位施工未采取有效的防止触电的措施，使用前也未按规定对电焊机进行验收，致使存在安全隐患的机具直接投入施工，张某无证违章作业，是造成本次事故的主要原因。

三、事故预防及控制措施

1. 严格执行施工机具的管理制度，对投入使用的机械设备必须进行验收，杜绝存在安全隐患的机具投入使用。

2. 施工现场必须编制详尽的临时用电施工组织设计，明确重点，落实专人负责检查、检验、维修。

3. 加强对职工的教育和培训，增强自我保护意识，按规定配备个人劳动保护用品并在工作中正确使用。

4. 加大对施工现场危险作业和过程的安全检查、监控力度，发现“违章指挥”、“违章作业”及时制止。

四、事故处理情况

1. 本起事故直接经济损失约为16万元。

2. 事故发生后，施工单位根据事故调查小组的意见，对本次事故负有一定责任者进行了相应的处理：

(1) 公司分管经理徐某，对项目部安全生产管理不力，对本次事故负有管理责任，责令其作出深刻书面检查，并处以罚款。

(2) 项目经理胡某，对施工现场的安全管理制度落实不力，对本次事故负有领导责任，给予罚款的处分。

(3) 安全员杨某，在检查、检验工作中存在不足，对本次事故负有管理责任，给予罚款的处分。

(4) 施工员陆某，对职工安全技术交底无针对性，对本次事故负有管理责任，给予罚款的处分。

(5) 电工班组长金某，对用电设备检查维修不力，对本次事故负有一定责任，给予罚款的处分。

(6) 钢筋班组长罗某，对职工的安全技术交底的落实缺乏监督，对本次事故负有一定责任，给予罚款的处分。

(7) 钢筋工张某，未按规定穿着劳动保护用品，自我保护安全意识差，对本次事故负有重要责任，鉴于已死亡，不予追究。

触电事故案例 5

一、事故概况

2002 年 12 月 19 日下午，在上海某总公司承包，浙江某建筑公司分包的高层工地上，木工班根据施工员和大班长的安排及12 月 17 日的交底,在裙房七层进行模板的制作工作。黄某在 6 轴、7 轴（南北向），C 轴、D 轴（东西向）之间制作梁模板。14 时 30 分左右，黄某在使用 220V 移动开关箱时，发现连接上一级分配电箱的电源插头已损坏，见现场电工不在，就没有通知电工进行维修和接线，而是自己找了一只新的单相三眼插头，将电源裸线直接缠绕在插片上，因不熟悉用电知识，而误将绿/黄双色专用保护零线的裸铜线绕在相线插片上，并将此插头插入爬式塔吊旁的分配电箱的插座内，然后使用开关箱去制作模板，在移动该开关箱时，黄某戴着潮湿的手套没有拎电箱的绝缘把手，而是一手抓住打开门的电箱外壳，另一手碰及柱头钢筋形成回路发生电击伤，导致休克，即送附近的上海电力医院，经抢救无效死亡。

二、事故原因分析

1. 直接原因

施工现场所使用的开关箱的电源插头损坏而未及时修复，黄某违章私接电线将绿/黄双色专用保护零线的裸铜线绕在带电的相线插片上，当黄某一手触及带电的开关箱，另一手碰及柱头钢筋时形成回路。因此，违章作业是造成本次事故的直接原因。

2. 间接原因

(1) 现场施工员和木工班长安全技术交底不够，特别是对施工中必须严格遵守安全用电的规定交底不够，而且又未能及时阻止黄某违章用电。

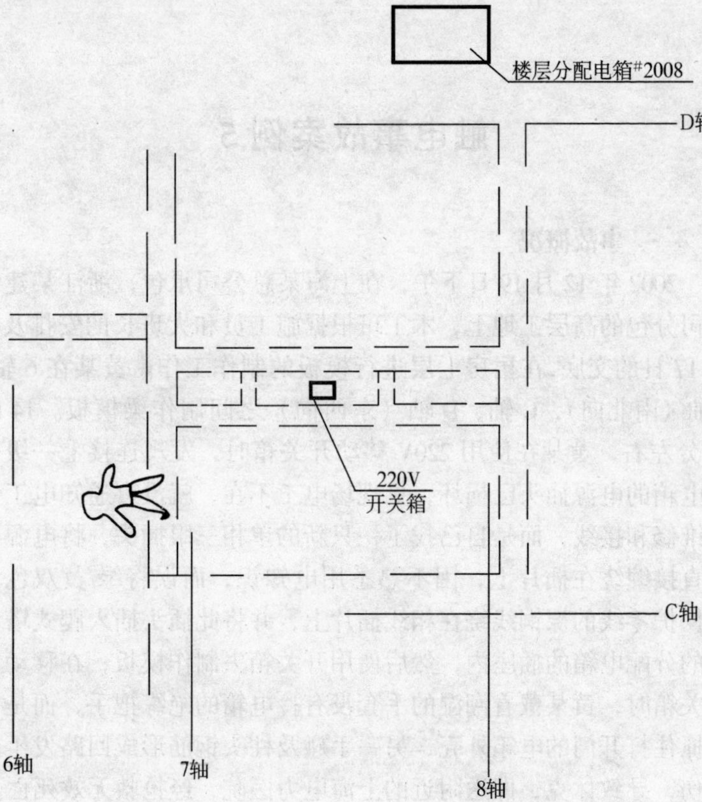

图 3－10　擅自接（错）线，导致触电的现场

（2）项目部现场安全检查不力，督促不严、不细，未在现场监督施工。

（3）现场维修电工巡视检查不到位，未能及时发觉隐患并更换单相插头。

（4）施工人员安全意识薄弱，自我保护意识不强，尤其是对违章作业所产生的严重后果缺乏应有的警觉。

3. 主要原因

施工现场监控不严，黄某违章作业，是造成本次事故的主要原因。

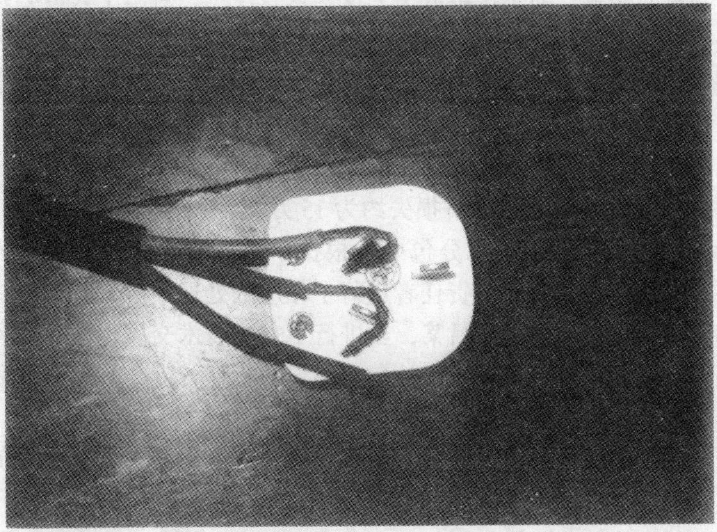

图 3-11　接错电源插头

三、事故预防及控制措施

1. 加强对全体员工的安全生产，特别是安全用电知识的教育，加强安全生产技术措施交底，坚决杜绝违章作业，要使每个员工知道并在作业中严格执行。

2. 加强项目部的每天安全巡查和定期检查，严格按安全操作规程进行施工作业，做好安全记录。

3. 加强对施工现场项目管理人员、施工人员的业务培训，增强安全意识。

4. 现场维修电工加强对施工现场用电设备、器具巡视维修和保养工作，并做好安全用电知识的宣传教育工作，对发现的安全隐患及时整改，不留尾巴、不漏死角，确保施工现场临时用电安全。

5. 施工企业及现场项目部应认真接受血的教训，在对项目部全体员工进行安全教育的同时，组织一次专项检查，对查出的问题及时整顿。对本次事故举一反三认真反思，对施工人员必须进行安全生产教育增强安全防范意识和安全用电知识，对施工现场设备设施以及管理制度需进一步完善，创造一个良好的安全生产环境。

四、事故处理结果

1. 本起事故直接经济损失约为15万元。

2. 事故发生后，总分包单位根据事故调查小组的意见，分别对本次事故负有一定责任者进行了相应的处理：

(1) 总包项目经理吕某，虽进行了安全技术交底，但对现场检查、督促不严，对本次事故负有一定的责任，责令其在项目职工大会上作检查，并给予罚款的处分。

(2) 现场维修电工金某，巡视检查整改不力，对本次事故负有一定责任，给予罚款的处分。

(3) 分包项目经理张某，平时对下属员工的安全生产缺乏教育，对本次事故负有领导责任，给予撤消职务，调离管理工作岗位的处分。

(4) 现场施工员应某和木工班组长李某，在安排生产过程中，交底不清，对本起事故负有重要责任，责令二人在公司职工大会上作检查，并分别给予行政警告和罚款的处分。

(5) 死者黄某安全意识淡薄，缺乏对违章用电所产生的严重后果应有的警觉，对本次事故负有主要责任，鉴于已死亡，不予追究。

四、坍塌事故

坍塌事故案例 1

一、事故概况

2002 年 3 月 13 日，在江苏某市政公司承接的苏州河支流污水截流工程金钟路某号路段工地上，施工单位正在做工程前期准备工作。为了了解地下管线情况、土质情况及实测原有排水管涵位置标高，下午 15 时 30 分开始地下管线探摸、样槽开挖作业。下午 16 时 30 分左右，当挖掘机将样槽挖至约 2m 深时，突然土体发生塌方，当时正在坑底进行挡土板支撑作业的工人周某避让不及，身体头部以下被埋入土中，事故发生后，现场项目经理、施工员立即组织人员进行抢救，并通知 120 救护中心、119 消防部门赶赴现场进行抢救，虽经多方全力抢救但未能成功，下午 17 时 20 分左右，周某在某中心医院死亡。

二、事故原因分析

1. 直接原因

(1) 施工过程中土方堆置不合理。土方堆置未按规范单侧堆

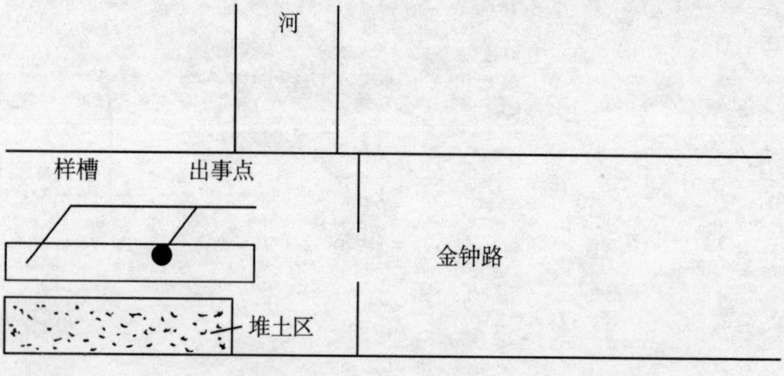

图 4－1　坍塌现场平面图

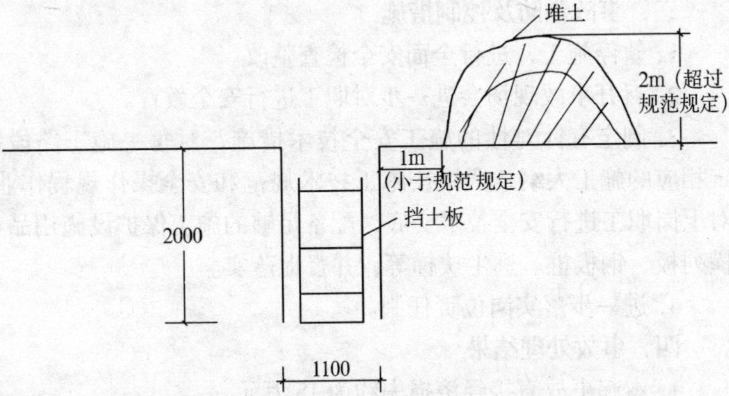

图4-2 坍塌现场立面图（现场原为沟浜回填土）

土高度不得超过1.5m、离沟槽边距离不得小于1.2m要求进行，实际堆土高度达2m，距沟槽边距离仅1m。

（2）现场土质较差。现场为原沟浜回填土约4m深，且紧靠开挖的沟槽，其中夹杂许多垃圾，土体非常松散。

2. 间接原因

（1）施工现场安全措施针对性较差。未能考虑员工逃生办法，对事故的预见性较差，麻痹大意。

（2）施工人员安全意识淡薄。对三级安全教育、安全技术交底、进场安全教育未能引起足够重视，凭经验作业。

（3）坑底作业人员站位不当，自身防范意识不强，逃生时晕头转向，从而发生了事故。

（4）施工现场管理不力。由于刚进场作业，对于安全生产各方面准备不充分，思想上未能引起足够重视，管理不到位。

3. 主要原因

（1）施工过程中土方堆置不合理。

（2）开挖后未按规范规定在深度达1.2m时，应及时进行分层支撑。而实际施工开挖至2m后，才开始支撑挡板。

（3）现场土质较差，土体非常松散。

三、事故预防及控制措施

1. 暂停施工，进行全面安全检查整改。

2. 召开事故现场会进一步对职工进行安全教育。

3. 制定有针对性的施工安全技术措施，对每一施工路段制定相应的施工大纲、严格按施工技术规范和安全操作规程作业、对上岗职工进行安全技术交底，配备足够的施工保护设施用品如横列板、钢板桩、逃生扶梯等，并督促落实。

4. 进一步落实岗位责任制。

四、事故处理结果

1. 本起事故直接经济损失约为15万元。

2. 事故发生后，承包单位根据事故调查小组的意见，对本次事故负有一定责任者进行了相应的处理：

(1) 项目部施工员卢某，对施工人员的安全教育、安全技术措施交底不够，对本次事故负有主要责任，决定给予行政记大过和罚款处分。

(2) 项目经理袁某，对施工现场安全生产管理不力、思想重视不够，对本次事故负有领导责任，决定责令其作出书面检查，并进行经济处罚。

(3) 挖掘机司机宋某，违反操作规程，土方堆置不合理，对本次事故负有一定责任，决定停止其上岗三个月，重新进行培训。

(4) 职工周某，站位不当，自身防范安全意识不强，对本次事故负有一定责任，鉴于已死亡，不予追究。

坍塌事故案例 2

一、事故概况

2002 年 6 月 5 日，在上海某发展总公司下属市政公司（无建筑施工资质）以及某区建筑公司（资质二级）承接的某仓储厂房工程工地上，施工人员根据项目部的安排，在外脚手架上进行模板工程的拆除作业。下午 17 时 15 分，几名工人在外脚手架上拆除 3 号房仓库圈梁和天沟模板支撑时，由于圈梁及天沟混凝土浇捣时间间隔过短，混凝土强度未达到施工规范规定，导致长 60.48m，高 0.6m，宽 0.25m 的混凝土圈梁及天沟突然向外倾倒坍塌，从 4.75m 高的外墙上坍塌落下，将部分脚手架和其中的数

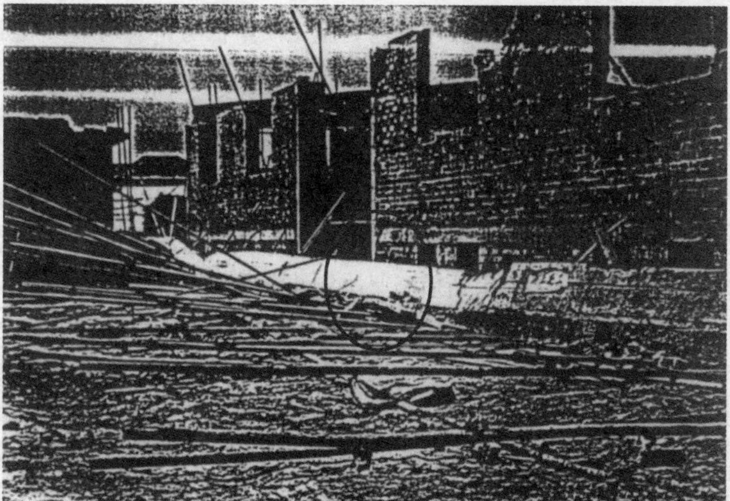

图 4－3　圈梁和天沟因拆模时间过早而坍塌（压死 2 人）

名作业人员压在梁下。事故发生后，虽经现场负责人、职工以及医院多方极力抢救，但仍然造成了二死二伤的重大伤亡事故。

二、事故原因分析

1. 直接原因

(1) 施工单位未按施工规范和施工图纸进行施工。

(2) 仓库圈梁及天沟拆除模板的时间过早，导致拆模时混凝土强度过低。该混凝土是5月30日浇捣的，6月5日就拆模，明显违反有关施工规范的规定。

(3) 砂浆强度偏低，混凝土保护层厚度不均。

2. 间接原因

(1) 公司未按规定办理建设工程所需的一切手续，逃避有关部门的审批，违规、违法设计和施工。

(2) 施工现场管理混乱，无安全管理人员，无作业规程，无施工组织设计，无安全防护措施，更无安全技术交底，以致重大事故隐患未能及时发现和制止。

3. 主要原因

施工单位违反施工操作程序，施工质量低劣；公司不按规定办理审批手续；违法设计、施工，是造成本次事故发生的主要原因。

三、事故预防及控制措施

1. 责令施工单位停止施工，加强对停工后的现场管理，落实专人进行看护。镇政府立即开展对违章用地，违章建筑大检查，发现问题，采取果断措施坚决制止，从源头杜绝违章。

2. 监督建设单位必须按照国家有关法律、法规办理必要的相关手续。必须坚持科学的态度和安全第一的原则，防止片面追求进度、经济效益而忽视安全生产的倾向；施工单位对危险性较大的生产作业和工程项目施工方案必须经过严密计算和科学认证，把好审核、审批关。在施工过程中，必须按施工方案和规定程序和要求进行，确保各项安全技术措施落到实处。

3. 总公司必须加强对施工单位的管理，责成施工单位建立严格的安全规程和质量保证体系。教育职工遵守安全生产规章制度和操作规程，不得违章指挥、违章作业、凭经验办事。对危险性较大的工程施工，要建立组织指挥系统，明确各方职责，并落实到人。

4. 工程承发包要严格市场准入制度，对承包单位必须进行严格的资质审查，特种作业人员必须持证上岗，杜绝超资质、超范围承包工程。

5. 各有关方领导干部要认真吸取事故教训，落实区政府事故现场会的要求，制定整改计划，落实整改措施，增强安全责任意识，坚持安全第一的原则，杜绝事故重复发生。

四、事故处理结果

1. 本起事故直接经济损失约为50万元。

2. 通过的事故的调查和分析，相关部门对事故责任者作出以下处理：

（1）施工工地主要负责人朱某，违法设计、施工，对本次事故负有直接责任，被人民法院判处一年六个月有期徒刑。

（2）市政公司法人代表张某，在承接工程过程中，违反国家严格法律、法规，对本次事故负有重要责任，被公安局拘留15天。

（3）公司总经理梁某，对项目部以及施工现场的安全管理不够，对本次事故负有主要领导责任，给予党内警告处分。

坍塌事故案例 3

一、事故概况

2002 年 9 月 21 日，在上海某建设公司承接的别墅工程工地上，施工人员在砌筑某号房的大厅斜屋面北侧一垛高 2.6m 的墙体过程中，因作业前没有熟悉图纸，违反规定未将预埋钢筋插入二楼北侧的墙体内。当发现这一错误后，施工员派瓦工班班长王某落实墙体凿槽的整改任务，王某随即安排普工杨某进行整改，即：在砌好的墙上凿一条宽 20cm、深 10cm、长 2m 左右的斜槽。下午 13 时 30 分左右，杨某对该部位作业完毕后，起身时手拉在构造柱钢筋上，由于墙体拉接筋与构造柱钢筋连接，牵动作业墙

图 4－4　违规操作，起身时手拉构造柱钢筋，牵动墙体倒塌

体而导致墙体坍塌，杨某被压在倒下的砖墙下。事故发生后，项目部立即派人将杨某送往医院抢救，终因杨某伤势严重救治无效，于当天下午 13 时 45 分左右死亡。

二、事故原因分析

1. 直接原因

施工人员在不稳固可靠的墙体附近作业，没有必备的安全防范措施，加之死者杨某缺乏安全意识，违规操作，用手拉构造柱导致墙体坍塌，而被压致死，是造成本次事故的直接原因。

2. 间接原因

（1）施工现场项目部对质量安全管理不严，对施工现场缺少严密的监控和指导，导致工序错误，整改时既无整改方案，又无安全防护措施，更无安全技术交底。

（2）施工企业对施工从业人员缺乏技术培训和安全技术知识的教育。

（3）施工企业对现场的安全管理松懈，安全检查督促不严。

（4）施工人员缺乏必要的安全自我保护意识和安全技术知识。

3. 主要原因

杨某缺乏安全意识，违规操作，是造成本次事故的主要原因。

三、事故预防及控制措施

1. 企业建立完善的各级安全生产责任制，明确和落实各部门、各岗位的安全职责，并制定岗位管理考核办法。

2. 企业和项目部建立符合行业规定的外来劳务使用制度，抓好施工人员的三级安全教育和安全技术交底工作，切实提高施工管理人员的安全管理意识和职工的安全自我保护意识。

3. 工程施工前，项目部对班组必须做好施工程序和技术规范的交底，严格按照预先经公司审批通过的专项安全施工方案和施工图进行作业，并组织和落实过程中的监控措施。

4. 施工现场要把“安全第一，预防为主”的思想落到实处，加强检查和整改力度，及时消除隐患，确保安全生产。

5. 参与建设各方正确行使各自职责，建设方应处理好进度、质量、安全三者的关系，切不可盲目追求工期；监理单位必须完善管理制度，管质量的同时必须管安全，现场应配置具备相应资格的监理人员，不能无证上岗。

四、事故处理结果

1. 本起事故直接经济损失约为15万元。

2. 事故企业通过的事故的调查和分析，对事故责任者作出以下处理：

（1）项目副经理伍某，承包工程后，没有按安全施工的规范要求进行管理，没有对职工进行认真的安全教育和安全技术交底，以致工人盲目蛮干，对本次事故负有管理责任，给予行政记过和罚款的处分。

（2）项目经理黄某，没有做好安全管理工作，对本次事故负有重要责任，给予撤消项目经理的职务和罚款的处分。

（3）公司主管安全生产的副经理梁某，对项目部安全管理、检查监督不够，对本次事故负有领导责任，给予严重警告处分。

（4）普工杨某，缺乏安全意识，违规操作，对本次事故负有一定责任，鉴于已死亡，不予追究。

坍塌事故案例 4

一、事故概况

2002年12月29日，在上海某建筑安装工程有限公司承建的某旧区改造工程的工地上，正在进行基础工程的挖土施工作业。其中6号房位于施工现场道路东侧，基础开挖后为防止基坑边坡塌方，瓦工班长邱某安排瓦工张某等砌筑边坡挡土墙。12月29日晚8时30分左右，正在6号房基坑西北角砌筑挡土墙的张某被突然坍塌下来的部分土体压住。事故发生后，现场立即组织人员将其救出，并随即送往医院紧急抢救，但因张某脑部挫裂伤势过重，经抢救无效于当晚死亡。

二、事故原因分析

1. 直接原因

张某等人在6号房基础内，砌筑边坡挡土墙的过程中，偏西北角的部分松弛的土体突然坍塌，将正在低头砌墙的张某压住，头部碰撞挡土墙，是本次造成事故的直接原因。

2. 间接原因

夜间施工作业场所照明不足，张某等人在施工时，未对现场周围土体松弛脱落现象引起重视，没有及时发现和消除事故隐患，自我保护意识不强，是本次造成事故的间接原因。

3. 主要原因

项目部在进行6号房基础开挖施工时，对临近施工道路一侧，未设置有效的安全防护隔离栏，致使道路侧基坑边坡在车辆碾压下严重变形造成土体松弛，在未对该部位进行临时加固措施情况下，安排未进行安全技术交底的职工张某等进行砌筑墙施工，以致松弛的土体坍塌压住张某致死。因此，施工现场对危险作业部位监控不力，安全防护措施不到位，对职工未进行有效的安全技术交底，是造成本次事故的主要原因。

三、事故预防及控制措施

1. 公司立即组织召开事故现场会，吸取本次伤亡事故的惨痛教训，举一反三，开展安全生产责任制教育，明确各级管理人员、施工人员的安全责任，提高全员的安全意识，杜绝事故重复发生。

2. 建立健全施工现场安全生产保证体系，确保施工现场全过程的安全管理和控制。

3. 建立健全安全教育、安全技术交底制度，狠抓对施工作业人安全教育、安全技术交底工作的落实，在施工全过程做到教育在前、交底在先，把安全管理工作落到实处。

4. 对危险作业部位和过程编制专项施工方案，严格审批程序，并在施工过程中予以严格执行。

5. 加大施工现场的安全检查监督力度，加强对危险源和不安全因素的监控，对安全缺陷和事故隐患进行及时、彻底地整改，并予以复查验证。

6. 加强对职工的自我保护意识和安全防范意识的教育培训，做到“不伤害自己，不伤害他人，不被他人伤害”，确保安全生产。

四、事故处理结果

1. 本起事故直接经济损失约为15万元。

2. 事故企业通过的事故的调查和分析，对事故责任者作出以下处理：

(1) 施工现场项目经理余某，对职工安全生产监督管理不够，对本次事故负有领导责任，决定给予罚款的处分。

(2) 项目施工员许某，对职工安全技术教育、交底不严，对本次事故负有管理责任，决定给予罚款的处分。

(3) 项目安全员周某，对施工现场安全检查监督不够，对本次事故负有一定责任，决定给予罚款的处分。

（4）公司经理陈某，对项目部管理不力，对本次事故负有管理责任，决定责令其写出深刻的书面检查。

（5）瓦工张某，自我保护安全意识不强，对本次事故负有一定责任，但已在事故中死亡，故不予追究。

五、物体打击事故

物体打击事故案例 1

一、事故概况

2002 年 1 月 20 日下午，上海某建筑安装工程有限公司分包的某汽修车间工程，钢结构屋架地面拼装基本结束。14 时 20 分左右，专业吊装负责人曹某，酒后来到车间西北侧东西向并排停放的三榀长 21m、高 0.9m，自重约 1.5t 的钢屋架前，弯腰蹲下

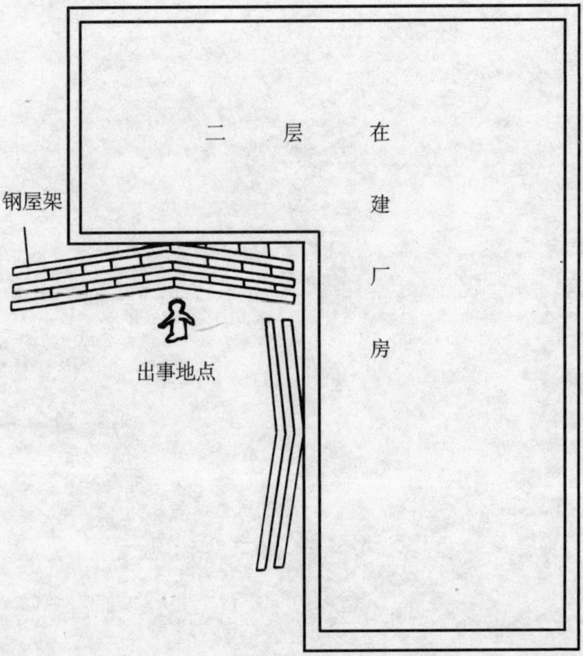

图 5－1　屋架倾倒伤人事故现场

（三榀屋架并排码放，且固定不当）

在最南边的一榀屋架下查看拼装质量，发现北边第三榀屋架略向北倾斜，即指挥两名工人用钢管撬平并加固。由于两工人使力不均，使得那榀屋架反过来向南倾倒，导致三榀屋架连锁一起向南倒下。当时，曹某还蹲在构件下，没来得及反应，整个身子被压在构件下，待现场人员搬开三榀屋架，曹某已七孔出血，经医护人员现场抢救无效死亡。

图 5－2　钢屋架固定支撑不规范，导致倾倒伤人

二、事故原因分析

1. 直接原因

屋架固定不符合要求，南边只用三根 ϕ 4.5cm 短钢管作为支撑支在松软的地面上，而且三榀屋架并排放在一起；曹某指挥站立位置不当；工人撬动时用力不均，导致屋架倾倒，是造成本次事故的直接原因。

2. 间接原因

(1) 死者曹某酒后指挥，为事故发生埋下了极大的隐患。

（2）土建施工单位工程项目部在未完备吊装分包合同的情况下，盲目同意吊装队进场施工，违反施工程序。

（3）施工前无书面安全技术交底，违反操作程序。

（4）施工场地未经硬地化处理，给构件固定支撑带来松动余地。

（5）没有切实有效的安全防范措施。

（6）施工人员自我安全保护意识差。

3. 主要原因

钢构件固定不规范，曹某指挥站立位置不当，工人撬动时用力不均，导致屋架倾倒，是造成本次事故的主要原因。

三、事故预防及控制措施

1. 本着谁抓生产，谁负责安全的原则，各级管理干部要各负其责，加强安全管理，督促安全措施的落实。

2. 加强施工现场的动态管理，做好针对性的安全技术交底，尤其是对现场的施工场地，关键地方要全部硬化处理，消除不安全因素。

3. 全面按规范加固屋架固定支撑，并在四周做好防护标志。

4. 加强施工人员的安全教育和自我保护意识教育，提高施工队伍素质。

5. 取消原吊装队伍资格，清退其施工人员。重新请有资质的吊装公司，并签订合法有效的分包合同以及安全协议书，健全施工组织设计、操作规程。

四、事故处理结果

1. 本起事故直接经济损失约为16.8万元。

2. 事故发生后，施工单位根据事故调查小组的意见，对本次事故负有一定责任者进行了相应的处理：

（1）公司法人严某，对项目部安全生产工作管理不严，对本次事故负有领导责任，责令其作出书面检查、并给予罚款的处分。

（2）现场项目经理朱某，未完备吊装分包合同的情况下，盲目同意吊装队进场施工，对专业分包单位安全技术交底、操作规程交底不够，对本次事故负有主要责任，责令其作出书面检查、给予行政警告和罚款的处分。

(3) 项目部安全员虞某、技术员李某、施工员叶某，对分包队伍的安全检查、监督，安全技术措施的落实等工作管理力度不够，对本次事故均负有一定的责任，决定分别给予罚款的处分。

(4) 吊装单位负责人曹某，酒后指挥，对本次事故负有重要责任，鉴于已死亡，不予追究。

物体打击事故案例 2

一、事故概况

2002 年 8 月 24 日上午，在上海某建筑公司总包、某建筑有限公司分包的某高层工地，分包单位外墙粉刷班为图操作方便，经班长同意后，拆除机房东侧外脚手架顶排朝下第四步围档密目网，搭设了操作小平台。在 10 时 50 分左右，粉刷工张某在取用粉刷材料时，觉得小平台上料口空档过大，就拿来了一块 180mm × 20mm × 5mm的木板，准备放置在小平台空档上。在放置时，因

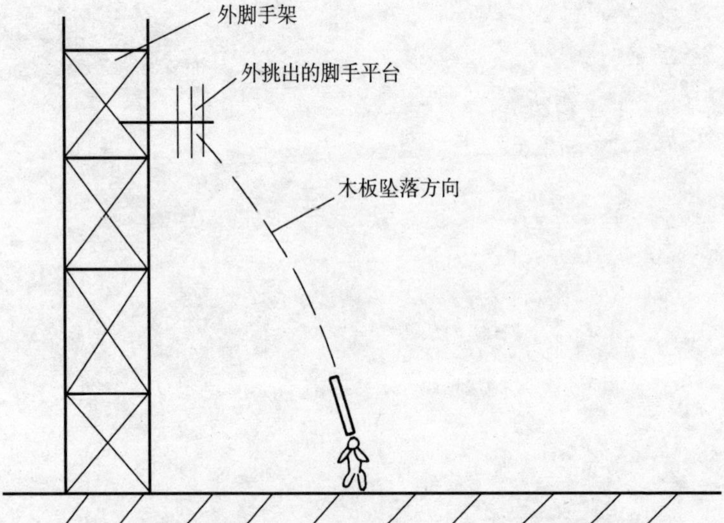

图 5-3　为图操作方便，擅自在外脚手架外搭设操作小平台，导致木板坠落伤人

木板后段绑着一根 20 号铁丝钩住了脚手架密目网，张某想用力甩掉铁丝的钩扎，不料用力太大而失手，木板从 100m 高度坠落，正好击中运送建筑垃圾至工地东北角建筑垃圾堆场途中的普工杨某脑部。事故发生后，现场立即将杨某送往医院抢救，终因杨某伤势过重，经医院全力救治无效于 8 月 29 日 7 时 30 分死亡。

图 5－4　木板坠落模拟外形图

二、事故原因分析

1. 直接原因

粉刷工在小平台上放置 180mm × 20mm × 5mm 木板时，因用力过大失手，导致木板从 100m 高度坠落，击中底层推车的清扫普工杨某，是造成本次事故的直接原因。

2. 间接原因

(1) 分包单位管理人员未按施工实际情况落实安全防护措施，导致作业班组擅自搭设不符规范的操作平台。

(2) 缺乏对作业人员的遵章守纪教育和现场管理不力。

(3) 总包单位对分包单位管理不严，对现场的动态管理检查不力。

3. 主要原因

外墙粉刷班长为图操作方便，擅自同意作业人员拆除脚手架密目网，违章在脚手架外侧搭设操作小平台。是造成本次事故的主要原因。

三、事故预防及控制措施

1. 分包单位召开全体管理人员和班组长参加的安全会议，通报事故情况，并进行安全意识和遵章守纪教育，重申有关规章制度，加强内部管理和建立相互监督检查制度，牢记血的教训始终绷紧安全生产这根弦，消除隐患，杜绝各类事故发生。

2. 分包单位决定清退肇事班组，其所在分队列为今年下半年 C 档队伍，半年内停止参加公司内部任务招投标。

3. 总包单位召开全体员工大会，通报事故情况，并重申项目安全管理有关要求。组织有关人员对施工现场进行全面检查，对查出的事故隐患，按条线落实人员限期整改，并组织复查。

4. 总包单位进一步加强对施工队伍的安全管理，加强监督力度。项目部要结合装饰装潢施工特点，安全员要组织好专(兼) 职安全监控人员，加强施工现场安全检查、巡视和执法力度，做到文明施工、安全生产。

四、事故处理结果

1. 本起事故直接经济损失约为17.8万元。

2. 事故发生后，根据事故调查小组的意见，总、分包单位发文对本次事故负有一定责任者进行了相应的处理：

（1）分包单位粉刷工张某，不慎将木板坠落，造成事故，对本次事故负有直接责任，决定给予公告除名，并处以罚款。

（2）分包单位粉刷班长丁某，违章操作，事发后又安排作业人员擅自拆除操作小平台，对本次事故负有主要责任，决定给予公告除名，并处以罚款。

（3）分包单位项目施工负责人高某，默认施工班组违章搭设操作小平台，对本次事故负有管理责任，决定给予行政记过处分，并处以罚款。

（4）分包单位项目负责人高某，平时缺乏对管理人员和作业人员的安全和纪律教育，对本次事故负有管理责任，决定给予行政警告处分，并处以罚款。

（5）分包单位公司副经理金某，对项目管理缺乏安全生产的考核和安全意识的教育，对本次事故负有管理责任，决定给予行政警告处分，并处以罚款。

（6）总包单位项目部卫某，对本次事故负有管理责任，决定给予行政警告处分，并处以罚款。

（7）总包单位项目部生产副经理张某，对本次事故负有管理责任，决定其作出公开检查，并处以罚款。

（8）总包单位项目部副经理孙某，对本次事故负有管理责任，决定其作出公开检查，并处以罚款。

物体打击事故案例3

一、事故概况

2002年10月9日，在上海某建设总公司承包的某工地上，架子班根据项目部的安排搭设3号房双排钢管落地外脚手架。下午14时10分左右，架子工杨某，在3号房东北角第三步至第五

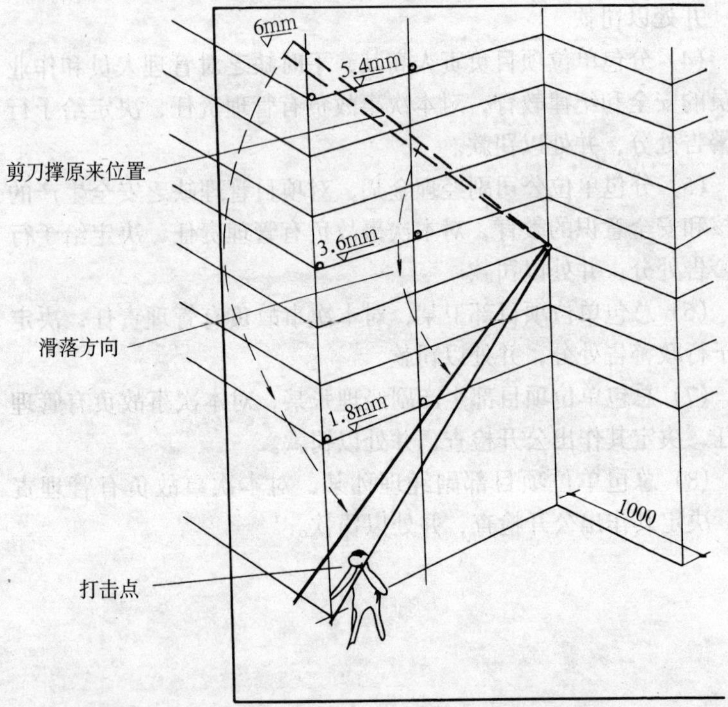

图5-5　剪刀撑打击伤人示意图

步进行剪刀撑安装工作，在准备固定上端时，下部一端已用旋转扣件固定的钢管，不慎失手滑脱，从约6m的高处倒下，砸向正在地面进行搬运砖块施工作业的瓦工班长于某，击中其头部，钢管将于某所戴的安全帽砸坏后，伤及他的左脑颅，造成左侧头部出血。事故发生后，工地施工人员立即将于某送往医院抢救，并进行了脑颅外科手术。但于某终因伤势过重，经院方竭力救治无效于10月18日死亡。

图5-6　打击现场（现场未设置警示、警戒标志）

二、事故原因分析

1. 直接原因

架子工杨某，搭设3号房钢管脚手架剪刀撑，在准备固定钢管上端时，失手滑脱砸向正在地面施工的于某头部，是造成本次事故的直接原因。

2. 间接原因

（1）施工单位职工安全培训教育不力，交底不清。

(2) 施工单位施工作业安排不合理，在安排搭设脚手架作业的危险区域内，同时安排搬运砖块施工作业。

(3) 施工单位现场安全监督管理不到位，岗位责任制未落到实处。

(4) 施工单位职工的自我保护意识和相互保护意识不强。

3. 事故主要原因

架子工在搭设脚手架包括设置剪刀撑的过程中，未按施工现场安全操作要求和规定设置警示、警戒标志，现场又无专人监护，违章作业，是造成本次事故的主要原因。

三、事故预防及控制措施

1. 承包单位公司主管领导到施工现场召开事故分析会，召集施工现场班组长以上管理人员会议，分析事故原因，吸取事故教训，教育全体施工人员加强安全意识，严格按规章制度办事，严禁违章作业。

2. 对施工现场脚手架、临边洞口、机械设备、施工用电、安全防护设施、安全用品等进行全面大检查。

3. 通过检查分析，公司决定，立即对施工现场实行全面停工整顿，对查出的安全缺陷和事故隐患进行彻底整改，并复查验证整改措施的落实情况。

4. 公司要求施工现场在今后搭设脚手架时必须设置警示、警戒标志，并派专人监护，确保施工现场生产安全。

5. 项目部要合理安排各工种的作业时间、区域，避免垂直交叉作业，以防各类事故的发生。

四、事故处理结果

1. 本起事故直接经济损失约为16万元。

2. 事故发生后，根据事故调查小组的意见，承包单位发文对本次事故负有一定责任者进行了相应的处理：

(1) 施工队长李某，对职工培训教育不力，交底不清，现场安全监督不到位，对本次事故负有领导责任，决定给予经济处罚。

（2）架子工杨某，在搭设脚手架时，未设置警示警戒标志，施工中违章作业，对本次事故负有主要责任，决定给予除名的处分。

（3）瓦工班长于某，在危险区域施工，自我保护意识不强，对本次事故负有一定责任，但在事故中受伤身亡，故免于处理。

（4）其他有关人员按公司的奖惩办法处理。

物体打击事故案例 4

一、事故概况

2002 年 12 月 3 日，在上海某机施公司承包、江苏某安装公司分承包的某隧道工程工地上，上午 11 时 45 分左右，6 号盾构矿用电瓶车空车开到工作井后，分承包单位职工丁某指挥 20t 龙门吊司机将二块叠放在一起的管片吊放到电瓶车挂车上。随后丁某和本单位职工顾某两人到挂车两侧脱钢丝绳，并把钢丝绳甩在挂车右边。丁某做了起吊的手势后，并向电瓶车司机挥手示意电瓶车启动，丁某随即到了工作井边洗手。由于龙门吊起重钢丝绳提升尚未超过挂车上的管片，在电瓶车开动过程中，钢丝绳钩住管片预留孔内伸出的安装螺栓。龙门吊司机发现后，打铃示警并

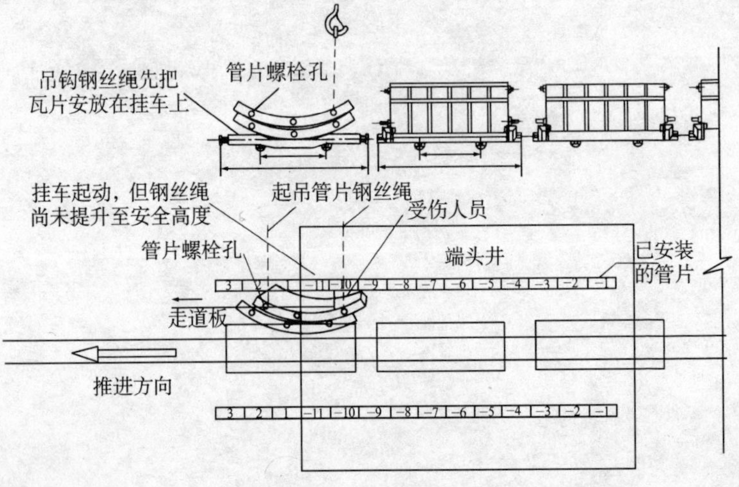

图 5－7　管片伤人事故现场示意

松钩。但丁某、顾某对此均未引起重视。在电瓶车向前运行产生的作用力下，挂车上的管片产生位移，并使管片一端滑下挂车，压在丁某身上。事故发生后，现场负责人当即派人指挥龙门吊将管片吊开，将丁某救出，并立即送往医院抢救，终因丁某伤势过重，抢救无效于下午 13 时 10 分左右死亡。

图 5-8　钢丝绳钩住管片致使滑落伤人

二、事故原因分析

1. 直接原因

丁某、顾某将龙门吊起重钢丝绳从管片上脱下后，未等龙门吊起重钢丝绳升起，并超过装在挂车上的管片一定的安全距离，丁某即指挥电瓶车开行致使钢丝绳钩住挂车上的管片并滑下压人死亡。违章操作，是造成本次事故的直接原因。

2. 间接原因

(1) 分承包项目负责人徐某负责管片装卸施工任务后，安排缺乏专业知识的普工丁某担任井下起重指挥工作，又未对施工人员进行针对性安全教育和交底。

(2) 机施公司项目部对分承包单位现场人员安排情况未引起充分重视，对现场动态管理不力。

(3) 矿用电瓶车司机刘某，接到丁某开进指令后，未对开进路线进行观察，就启动车辆造成了管片滑移。

3. 主要原因

分承包项目负责人徐某，安排缺乏专业知识的普工丁某担任井下起重指挥工作；机施公司项目部，对现场动态管理不力，是造成本次事故的主要原因。

三、事故预防及控制措施

1. 施工单位举一反三，通报事故情况，对施工现场进行一次全面安全检查，对查出的事故隐患，按“三定”要求进行整改。

2. 施工单位对全体施工人员进行一次安全教育和操作技能培训，进行一次安全技术考试，切实落实各级安全生产责任制，进一步明确各部门、人员的职责，并加强日常检查考核力度，不断提高全体施工人员的安全生产意识。

3. 施工单位要细化施工方案，加强对方案的安全交底和落实工作，严格遵守安全操作规程，强化对动态施工的安全监控工作，确保安全生产。

4. 各施工单位要加强饭前、下班前特殊时段的施工生产管理，合理安排职工的工作休息时间，做到施工生产按部就班，确保施工安全。

四、事故处理结果

1. 本起事故直接经济损失约为 20.7 万元。

2. 事故发生后，总、分承包单位根据事故调查小组的意见，对本次事故负有一定责任者进行了相应的处理：

(1) 分承包单位负责人徐某，安排使用缺乏专业知识的普工丁某担任井下起重指挥工作，对本次事故负有主要责任，给予行政警告和罚款的处分。

(2) 分承包单位分管经理袁某，对企业安全管理不力，对本次事故负有领导责任，给予行政警告处分。

(3) 机施公司项目经理朱某，对施工现场日常安全管理和监控不严，对本次事故负有领导责任，给予罚款的处分。

(4) 矿用电瓶车司机刘某，未对开进路线进行观察，就启动车辆造成了管片滑移，对本次事故负有重要责任，给予罚款的处分。

(5) 普工丁某，无证指挥，对本次事故负有一定责任，鉴于已死亡，故不予追究。

六、重大安全事故

重大安全事故案例 1

一、事故概况

2002 年 12 月 8 日，在上海某建设公司承包的 C 块Ⅲ标工程工地上，根据项目经理王某的安排，架子班进行 20 号楼井架搭设作业。上午 10 时左右，该工程 20 号楼的井架在搭设到 27m 高度时，井架整体突然向东南方倾倒，并搁置在 20 号楼二层楼面上，造成 3 名井架搭设工人坠落，及 20 号楼二层楼面上作业的一名钢筋工被压。事故发生后，现场负责人立即组织职工急送受

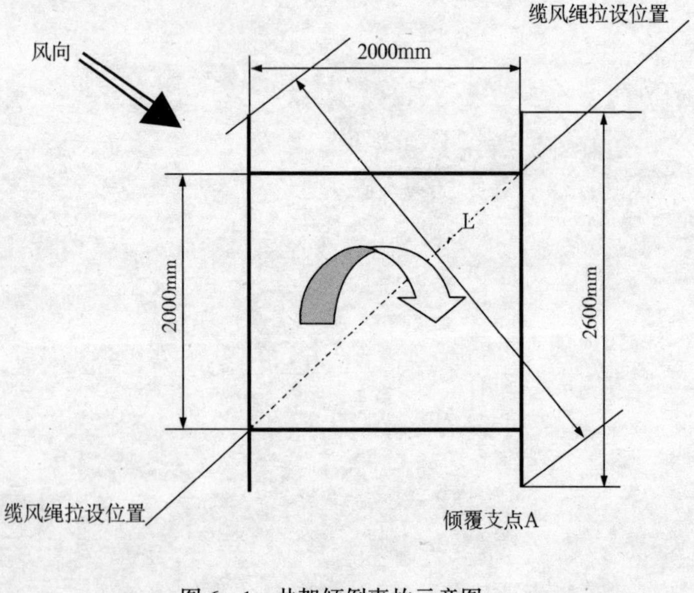

图 6－1　井架倾倒事故示意图

伤人员到医院急救，其中井架搭设工人吴某、蓝某、钢筋工倪某三人经抢救无效死亡，另一人重伤。

图 6-2　井架地梁与基础无任何连接

二、事故原因分析

1. 直接原因

（1）严重违反国家、行业规范规定。安装搭设井架时井架地梁与基础无任何连接；未按国家行业规范规定的数量设置有效、合理的缆风绳（事故发生时缆风绳设置的方向与风向约成 90 度，倾翻瞬间未能起到有效作用），缆风钢丝绳直径仅为 6.5mm（国家、行业规范要求缆风钢丝绳最小直径为 9.3mm）；在 7 级阵风风荷载的作用下使井架整体向一侧倾倒。

（2）违章作业，违章指挥。事故发生的当天，该地区有 7～9 级的西北大风（上海气象台提供气象资料），承包单位架子班长杨某、现场带班聂某在没有井架搭设作业技术方案情况下，仍安

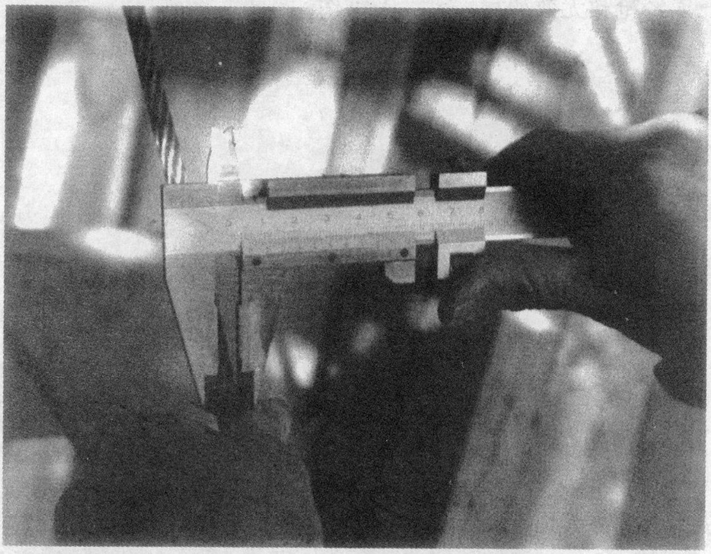

图 6-3　缆风绳直径仅 6.5mm（小于国家规定的 9.3mm）

排无建筑登高架设特种作业操作资格证书的几名工人进行攀登和悬空高处作业；项目经理王某在井架搭设前未进行专项安全交底，且在得知搭设班组因气候原因停止作业时，在未采取有效措施的情况下，仍坚持要求作业人员继续搭设井架。

2. 间接原因

（1）施工现场项目部安全管理混乱，安全隐患严重。

1）工程项目经理王某安排无建筑登高架设特种作业操作资格证书的人员进行井架搭设；没有组织人员编制井架的搭拆方案；没有对施工作业人员进行各类安全教育和有针对性的专项技术交底；没有配备工地安全员，使得工程安全管理混乱，并且对公司质安部门责令的停工整改要求不落实，不整改，最终导致工地安全管理失控。

2）架子班长杨某自身没有建筑登高架设特种作业操作资格

图 6－4　井架倾倒现场

证书，并且安排无证人员搭设井架；没有对有关人员进行安全教育，班组管理失控。

3）项目部技术负责人范某，未按有关规定编制井架搭设技术方案，未有效实施技术监管。

（2）施工企业安全管理失控，企业内部安全监管不力。

1）公司生产副经理兼工程部经理王某对该工程施工组织设计审核不严，没有提出需要编制井架搭拆的技术方案要求；对作业人员无证上岗等情况检查不力；对现场安全隐患严重、整改不落实的情况督查、监管不严。

2）公司质安部负责人徐某对该工程无井架搭设技术方案、作业人员无证上岗等情况检查不力；对现场隐患严重、整改不落实的情况督查、监管不严。

3）公司安全员赵某对该工程井架搭设无方案、作业人员无证上岗等情况检查不力；对现场隐患严重、整改不落实的情况督查、监管不严。

4）公司负责生产的副总经理黄某对公司质安部门、工程部门管理不严，对该工程安全生产失控的情况监管不力。

（3）企业领导安全意识不强，安全监管不力。

1）公司总经理孟某对公司安全生产监督管理不严。

2）公司法人代表孟某安全意识淡薄，对王某做该工程项目经理的资格审核不严，并且对公司安全生产监管不力。

（4）监理单位技术审核失控，现场监控不力。

1）监理公司总监陈某对该工程施工组织设计审核不严，没有提出需编制井架搭拆技术方案的要求，未履行监理职责。

2）现场总监代表童某对当天大风情况下（7~9级的西北大风），工人还进行攀登和悬空高处作业，没有及时地发现和制止，又未对搭设人员的特殊工种上岗证进行核查，监控不严。

（5）建设单位现场安全管理不严。未全面履行施工现场安全管理责任，又未委托监理单位实施现场安全监理。

3. 主要原因

施工现场安全管理失控，在没有井架搭设技术方案；没有安全专项交底；无建筑登高架设特种作业操作资格证书的人员；安装搭设井架时，未按国家行业规范要求将地梁与基础连接牢固；未按国家行业规范规定的数量设置有效、合理的缆风绳（事故发生时缆风绳设置的方向正好与风向约成90度，倾翻瞬间未能起到有效作用），缆风钢丝绳直径仅为6.5mm（国家、行业规范要求缆风钢丝绳最小直径为9.3mm）；因此，在7级阵风风荷载的作用下，使井架整体向一侧倾倒，是造成本次事故的主要原因。

三、事故预防及控制措施

1. 施工单位

（1）公司应会同监理单位立即对工程进行全面安全检查。对查出的问题和隐患依据定人、定时、定措施、定责任的原则，落实整改。对其余将要搭设的井架，公司立即组织有关专业人员制订详细搭设、拆除的方案，并报监理单位审批，配备足够的有上岗证书的专业拆卸人员，安排好现场监管人员。

(2) 公司立即组织对在沪施工人员的安全教育，重点围绕这次重大事故的惨痛教训，举一反三地开展“四不放过”教育，使全体职工通过本次血的教训明确各级人员的安全责任，提高工人的安全意识，杜绝违章指挥、违章作业。

(3) 工程项目部需配备持证上岗的安全员，加强工程项目各级安全生产岗位责任制的落实，对不安全因素加强监控，对查出的隐患及时、彻底地整改，对安全教育、交底、工作狠抓落实，确保施工全过程安全监管、检查工作落到实处。

(4) 安排有项目经理资质证书的人员担任工程项目经理职务。进一步完善企业内部安全生产各项规章制度，理顺井架、塔吊等机械设备管理制度，明确各管理部门的职责和责任制。对工程项目的安全生产要严格管理，狠抓落实。加强对专职安全人员的培训工作，各工种施工人员必须做到持证操作，特种作业人员必须经过专业培训持证上岗，对特殊工种人员进行重新检查和登记，保证各工种配足配齐。

2. 监理单位

(1) 监理公司应对工程进行全面的检查，对查出的安全问题以书面形式汇报给建设单位，并督促施工单位整改，加强现场的巡查工作。认真吸取事故教训，严格审核施工现场有关技术方案，严格核查特殊工种作业人员的操作资格证书，监管到位。对以后将要搭设的井架，要求施工单位详细编制搭拆技术方案，并仔细审核有关拆卸人员的特殊工种操作证书和技术方案等，做好安装、拆卸时的现场旁站监管工作，杜绝重复事故的发生。

(2) 进一步健全和完善监理项目部对工程全过程全方位的监理控制体系，落实责任制，责任到人。对工程监理过程中发现的问题，及时提出，落实整改，并做好记录。加强巡视、旁站及平行检查，全面履行监理责职。

3. 建设单位

应认真吸取事故教训，举一反三地开展“四不放过”教育。应委托监理单位对工程项目实施安全监理，明确施工现场安全责任单位，履行建设单位安全管理责职。

四、事故处理结果

1. 本起事故直接经济损失约为86万元。

2. 事故发生后，相关部门、施工单位根据事故调查小组的意见，对本次事故负有一定责任者进行了相应的处理决定：

(1) 工程项目经理王某，违章指挥，对本次事故负有直接和主要责任，有关司法部门对其刑事拘留、取保候审，并将依法追究其刑事责任。

(2) 架子班长杨某，违章作业，对本次事故负有重要责任，予以行政开除处分。

(3) 公司质安部负责人徐某，安全监督管理不严，对本次事故负有重大的责任，予以行政开除处分。

(4) 项目质量员邵某，在事故发生后，伪造资料，并假冒别人的签名，妨碍事故的调查。对本次事故负有相应的责任，予以行政记大过的处分。

(5) 项目部技术负责人范某，未编制专项方案，无技术交底，对本次事故负有直接管理责任，予以行政开除处分。

(6) 公司生产副经理兼工程部经理王某，对项目部安全管理检查监督不够，对本次事故负有管理责任，予以行政记大过的处分。

(7) 公司安全员赵某，对项目部安全管理检查监督不严，对这起事故负有直接管理责任，予以行政记大过的处分。

(8) 公司负责生产的副总经理黄某，对项目部安全管理检查监督不够，对这起事故负有领导责任，给予行政记过处分。

(9) 公司总经理孟某，对公司安全生产监督管理不严，对这起事故负有领导责任，予以行政记大过的处分。

(10) 公司法人代表孟某，对项目部安全管理、安全教育不够，对本次事故负有领导责任，予以行政记大过处分。

（11）建设单位项目经理沈某，对施工单位安全管理不到位，对本次事故负有管理责任，予以行政记过处分。

（12）监理单位总监陈某，对本次事故负有监理不力的责任，予以行政记过处分。

（13）现场总监代表童某，对本次事故负有监理不力的责任，予以行政记过处分。

（14）架子工吴某、蓝某，违章作业，对本次事故负有一定责任，鉴于二人已在事故中死亡，故不予追究。

重大安全事故案例 2

一、事故概况

2001 年 3 月 4 日下午，在上海某建设总承包公司总包、上海某建筑公司主承包、上海某装饰公司专业分包的某高层住宅工程工地上，因 12 层以上的外粉刷施工基本完成，主承包公司的脚手架工程专业分包单位的架子班班长谭某征得分队长孙某同意后，安排三名作业人员进行Ⅲ段 19A 轴 ~ 20A 轴的 12 层至 16 层阳台外立面高 5m、长 1.5m、宽 0.9m 的钢管悬挑脚手架拆除作业。下午 15 时 50 分左右，三人拆除了 16 层至 15 层全部和 14 层部分悬挑脚手架外立面以及连接 14 层阳台栏杆上固定脚手架拉杆和楼层立杆、拉杆。当拆至近 13 层时，悬挑脚手架突然失稳倾覆，致使正在第三步悬挑脚手架体上的二名作业人员何某、喻某随悬挑脚手架体分别坠落到地面和三层阳台平台上（坠落高度分别为 39m 和 31m）。事故发生后，项目部立即将两人送往医院抢救，因二人伤势过重，经抢救无效死亡。

二、事故原因分析

经调查和现场勘测，模拟架复原分析

1. 直接原因

作业前何某等三人，未对将拆除的悬挑脚手架进行检查、加固，就在上部将水平拉杆拆除，以至在水平拉杆拆除后，架体失稳倾覆，是造成本次事故的直接原因。

2. 间接原因

专业分包单位分队长孙某，在拆除前未认真按规定进行安全技术交底，作业人员未按规定佩带和使用安全带以及未落实危险作业的监护，是造成本次事故间接原因。

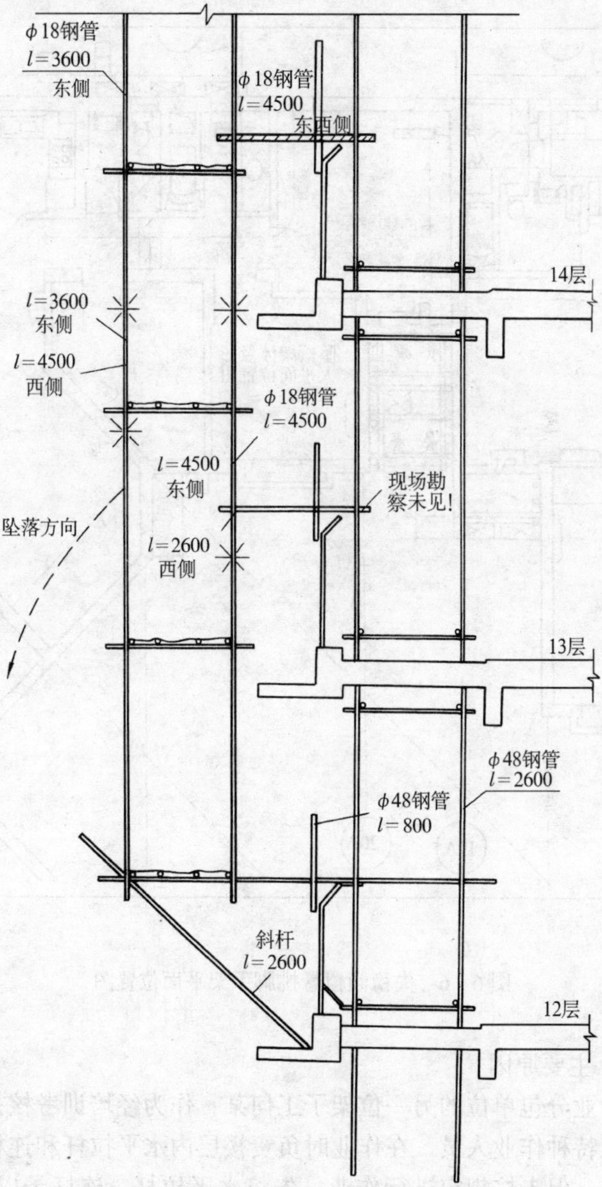

图 6-5 悬挑脚手架失稳倾覆立面示意

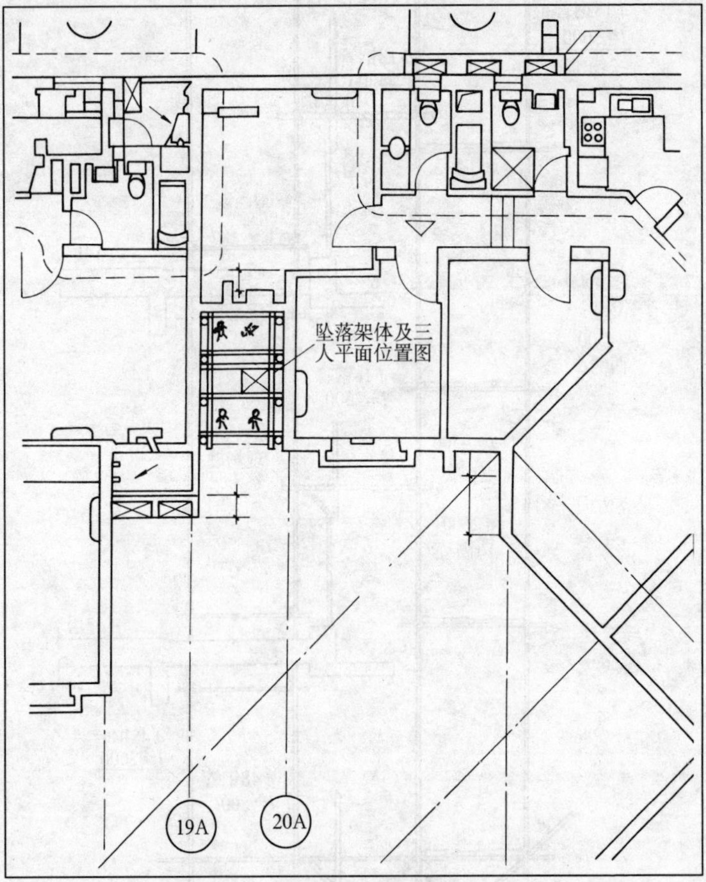

图 6－6　失稳倾覆悬挑脚手架平面位置图

3. 主要原因

专业分包单位的另一位架子工何某，作为经培训考核持证的架子工特种作业人员，在作业时负责楼层内水平拉杆和连杆的折除工作，但未按规定进行作业，先将水平拉杆、连杆予以拆除，导致架体失稳倾覆，是造成本次事故的主要原因。

三、**事故预防及控制措施**

1. 分四个小组对1至Ⅲ段及转换层以下场容场貌进行整改，重点清理楼层垃圾、钢管、扣件等零星物件，对现场材料重新进行堆放，现场垃圾及时清除。

2. 对楼层临边孔洞彻底进行封闭，设置防护栏杆，封闭楼层孔洞。彻底对大型机械设备进行保养检修，重点对人货电梯、吊篮、电箱、电器等进行检查，并作出书面报告。

3. 对楼层尚存悬挑脚手，零星排架，防护棚彻底进行清查、整改，该加固的加固，该完善的完善，并在事先做好交底、监护、措施、方案等工作，拆除时必须有施工员、专职安全员在场监控。同时认真按照悬挑脚手架方案，重申交底内容，进行高空作业时，必须有专职安全员、施工员、监护人员到位；并有专项交底及监护措施。

4. 彻底检查安全持证状况，对无证人员立即清退。检查现场方案交底执行情况，完善合同、安全协议内容。完善、落实监护制度。

5. 加强安全管理教育，强化管理人员与分包队伍的安全意识，严格杜绝安全事故与隐患发生。重申项目内部各岗位的安全生产责任制，层层签订安全生产责任状。

6. 对安全带、安全网、消防器材等安全设备配置情况进行检查，保证储备量。

7. 严格执行建设部关于安全生产的JGJ80—91、JGJ46—88、JGJ33—2001等规范以及有关脚手架安全方面的强制性条文进行设计和施工。严格按JGJ59—99标准进行自查自纠。

四、事故处理结果

1. 本起事故直接经济损失约为24.09万元。

2. 事故发生后，总、分包单位根据事故调查小组的意见，对本次事故负有一定责任者进行了相应的处理：

（1）架子工何某，在拆除此架子前未能检查脚手情况，在拆除时未能注重脚手架情况，对本次事故负有直接、重要责任，由上级给予吊销特殊工种操作证、企业予以除名处分。

(2) 专业分包架子工班长谭某，未按规定要求认真进行交底、检查拆除人员的安全带佩带情况及未落实监护人员，在进行拆除时未对交底的落实情况进行督促、检查，对本次事故负有直接管理责任，由上级予以除名清退处分。

(3) 专业分包架子工分队长孙某，未按主承包单位的要求进行安全技术交底，对本次事故负有直接领导责任，由上级予以除名清退处分。

(4) 专业分包公司副经理葛某，作为架子工施工队负责人，对队伍安全生产工作疏于管理，对本次事故负有领导责任，决定免去公司副经理职务。

(5) 主承包队伍当班施工员杨某，对施工现场监督不力，检查不严，未能有效地控制事故发生，对本次事故负有一定的管理责任，企业给予警告处分，作出书面检查，并按企业奖惩条例给予经济处罚。

重大安全事故案例 3

一、事故概况

2000年10月21日，在某房屋工程有限公司总承包，江苏某建筑安装工程总公司土建分包、中建局某安装公司等单位分包的某工程A标工地上，根据土建单位3号、5号楼工长徐某的临时安排，劳务分包单位浇灌班组到5号楼清理屋面上的木板、条子、钢管、杂屑等零星材料。组长葛某接任务后，安排组内瓦工倪某一人去清理，并将零星材料吊运下来。倪去屋面后即开始将零星材料分类堆放，同时利用塔吊将零星材料吊离屋面。第四吊是钢管，操作者为方便挂钩，将钢管堆放在屋面上原有的专门堆放短钢管的钢管架子上，用吊索钢丝绳从钢管架底部穿上来，上部再用卸甲连接。连接完后，倪即指挥塔吊租赁单位某建设发展有限公司随机司机刘某先行试吊，但刘在看不清吊物、且没有按响警铃情况下突然起吊，并向左旋转了大约100度，使吊臂处于3号楼外脚手架外侧。此时，地面指挥朱某发现钢管捆绑松散状况有异，而且吊运作业区下方正好有拉劳动车的劳务分包单位职工冷某和中建局安装公司职工刘某骑车闯入该区域，指挥朱某就立即大声喊叫示警，但顷刻间钢管从空中散落，两人避让不及，被坠落的钢管击中。事故发生后，项目负责人陈某迅速拨打120急救电话，约10分钟后救护车抵达工地，经医生诊断，两人均已死亡。

二、事故原因分析

1. 直接原因

某建设发展有限公司对塔吊的租用安全管理，对特种作业人员安全生产的重要性缺乏认识，工作随意，执行规定不力。塔吊

图6-7　吊运钢管时，吊车司机听从无证人员指挥，又违反“十不吊”原则，结果导致钢管散落伤人事故

司机刘某严重违反起重吊装“十不吊”中第三条指挥信号不明不吊；第六条光线阴暗看不清不吊；第九条捆绑不牢、不稳不吊的规定要求，未按起吊程序作业，同时没有制止或拒绝无证挂钩指挥人员的起吊要求，又没有及时向承包方汇报情况，是造成本次事故的直接原因。

2. 间接原因

(1) 土建分包方项目部在安排当天的施工生产任务时，对施工状况、作业内容考虑生产安全不全面，只流于对任务的布置交底，未进行跟踪安全检查，疏忽了特种作业工种安全生产的重要性，对吊运作业区域施工人员流动分布安全考虑不认真，没有在吊运作业区域内采取明显的警示标志，对地面禁止人员通行的规定执行不力。

(2) 劳务分包工程部安全组织体系不健全，各项安全管理制度不完善，对下属施工班组安全管理失控，班组在安排工作时有章不循，对特种作业工作缺乏足够的安全认识，在没有及时与项目部调派持证指挥人员的情况下，让无证人员倪某从事挂钩指挥。

3. 主要原因

总承包方项目部施工现场各项安全管理制度不完善。针对建筑物群体施工，大型塔吊机械交叉作业，立体作业存有潜在不安全因素等情况，能够预见并可以采取预防措施加以避免伤亡事故的发生，但没有引起高度重视，认真研究对策，采取必要的防范措施或强有力的控制手段，现场管理监督机制职能放松，没有真正起到总包方在安全管理方面的重要作用，是造成本次事故的直接原因。

三、事故预防及控制措施

1. 各施工单位全面停工整顿，组织全体员工召开专题安全工作会议，针对本次事故的发生，用血的教训教育每个员工，对从事特种作业人员特别是塔吊司机、指挥，个个表态，谈如何确保安全生产、反违章、增强防范意识。

2. 劳务分包工程部吸取血的教训加强用人的管理，特别在特种作业人员的使用上严格把关，杜绝无证上岗，防止各类事故。安全员对现场加强巡查，掌握现场安全生产动态信息，及时制止各类违反安全生产规章制度、劳动纪律的现象。

3. 各班组召开组员安全教育会议，对所有职工进行一次全面安全教育，个人与班组、班组与项目层层签订安全生产保证书，必须做到横向到边，纵向到底，不留死角，确实做到安全生产，人人有责。

4. 增强职工的组织观念、劳动纪律，一经发现无证作业或非特殊工种从事特种作业的及时制止，并予以重罚。

5. 组织班组、栋号负责人及安全员针对本次事故举一反三，对现场进行一次全面、彻底的地毯式安全检查。对查出的隐患，逐条、逐项有针对性地落实整改，将整改结果向总承包书面报告。

四、事故处理结果

1. 本起事故直接经济损失约为18.5万元。

2. 事故发生后，总、分包单位根据事故调查小组的意见，对本次事故负有一定责任者进行了相应的处理：

(1) 总承包负责人管某，对分包队伍安全管理、检查、监督不严，对本次事故负有管理责任，决定给予经济处罚。

(2) 土建分包项目经理朱某，对劳务队伍安全教育、管理不够，对本次事故负有一定责任，给予撤职处分。

(3) 土建分包 3 号、5 号楼栋号负责人徐某和安全员王某，对施工现场塔吊指挥管理和监督不力，对本次事故中负有一定的责任，决定分别给予行政记过处分，降资两级。塔吊指挥朱某，除批评教育外，作出深刻检查并停发半年奖金。

(4) 塔吊司机刘某，严重违章，对本次事故负有主要责任，给予行政记过处分，扣发全年奖金。

(5) 劳务分包工程部经理霍某，对公司安全生产工作管理不力，对本次事故负有领导责任，给予行政处分并处以罚款。

(6) 劳务分包工程部职工倪某，违章无证指挥，对本次事故负有重要责任，给予开除处分。

重大安全事故案例 4

一、事故概况

2001 年 8 月 20 日，上海某建筑公司土建主承包、某土方公司分包的上海某地铁车站工程工地上（监理单位为某工程咨询公司），正在进行深基坑土方挖掘施工作业。下午 18 点 30 分，土方分包项目经理陈某将 11 名普工交予领班褚某，19 点左右，褚某向 11 名工人交代了生产任务，11 人就下基坑开始在 14 轴至 15 轴处平台上施工（褚某未下去，电工贺某后上基坑未下去）。大约 20 点左右，16 轴处土方突然开始发生滑坡，当即有 2 人被土方所掩埋，另有 2 人埋至腰部以上，其他 6 人迅速逃离至基坑上。现场项目部接到报告后，立即准备组织抢险营救。20 时 10 分，16 轴至 18 轴处，发生第二次大面积土方滑坡。滑坡土方由 18 轴开始冲至 12 轴，将另外 2 人也掩没，并冲断了基坑内钢支撑 16 根。事故发生后，虽经项目部极力抢救，但被土方掩埋的四人终因窒息时间过长而死亡。

二、事故原因分析

1. 直接原因

该工程所处地基软弱，开挖范围内基本上均为淤泥质土，其中淤泥质黏土平均厚度达 9.65m，土体抗剪强度低，灵敏度高达 5.9，这种饱和软土受扰动后，极易发生触变现象。且施工期间遭百年一遇特大暴雨影响，造成长达 171m 基坑纵向留坡困难。而在执行小坡处置方案时未严格执行有关规定，造成小坡坡度过陡，是造成本次事故的直接原因。

2. 间接原因

目前，在狭长形地铁车站深基坑施工中，对纵向挖土和边坡

图 6-8　土体滑坡支撑断裂现场

留置的动态控制过程，尚无比较成熟的量化控制标准。设计、施工单位对复杂地质地层情况和类似基坑情况估计不足，对地铁施工的风险意识不强和施工经验不足，尤其对采用纵向开挖横向支撑的施工方法，纵向留坡与支撑安装到位之间合理匹配的重要性认识不足。该工程分包土方施工的项目部技术管理力量薄弱，在基坑施工中，采取分层开挖横向支撑及时安装到位的同时，对处置纵向小坡的留设方法和措施不力。监理单位、土建施工单位上海五建对基坑施工中的动态管理不严，是造成本次事故的重要原因，也是造成本次事故的间接原因。

3. 主要原因

地基软弱，开挖范围内淤泥质黏土平均厚度厚，土体抗剪强度低，灵敏度高，受扰动后极易发生触变。施工期间遭百年一遇特大暴雨，造成长达 171m 基坑纵向留坡困难。未严格执行有关规定，造成小坡坡度过陡，是造成本次事故的主要原因。

三、事故预防及控制措施

1. 土方施工单位

(1) 在公司范围内，进一步健全完善各部门安全生产管理制度，开展一次安全生产制度执行情况的大检查，在内容上重点突出各生产安全责任制到人、权限和奖惩分明，在范围上重点为工程一部、工程二部和各项目部。

(2) 建立完善纵向到底、横向到边的安全生产网络。公司安全设备部要增设施工安全主管岗位，选配懂建筑施工的，具有工程师职称和项目经理资质的专业技术人员担任。

(3) 加强技术和施工管理人员的培训。通过规范的培训和进修，获取施工员、项目经理等各种施工管理上岗资格。并加大引进专业技术人才的力度。

(4) 严格每月一次的安全生产领导小组例会制度，部门和员工的考核、评优、续约、奖励等均严格实行安全生产一票否决制。

(5) 由公司施工安全负责人负责，细化项目安全生产管理制度，重点弥补过去制度中在安全交底、民工安全教育、与甲方及各施工单位协调配合等方面存在的不足。

(6) 结合公司 ISO9000 贯标工作，严格规范公司项目管理、工艺技术管理、安全生产管理、用工管理等工作。

(7) 在全公司上下，特别是公司领导班子和中层以上干部中，开展一次安全生产的大教育，重点解决如下认识问题：安全生产与企业生存的关系；安全投入与经济效益的关系；安全生产的原则与实际施工中和甲方可能发生的碰撞等，做到把思想统一到三个代表的高度上来，把认识统一到企业的生死存亡的实际上来，以利于举一反三，将整改措施真正落实到位，警钟长鸣。

2. 监理单位

(1) 吸取此次基坑塌方事故的深刻教训，“安全第一、预防为主”的方针必须贯穿在监理工作的全过程中。切实加强对施工方的监控力度，尤其要强化安全生产监控，发现问题，及时签发书面监理通知，责令施工方整改，做到防微杜渐，确保安全生产。

(2) 强化各项管理制度的落实，一切按规章制度办事，监理内业资料与施工同步进行，包括做好书面安全技术交底，确保每一项工作均处于可控和可追溯状态，确保每位监理人员的工作均有效可靠。

(3) 进一步加强对工地安全监理工作的检查，定期和不定期对监理人员进行安全监理工作教育。组织进行安全监理工作的心得交流，不断提高每位监理人员的技术和监控水平及早发现存在的不安全因素，防止各类事故发生。

3. 土建主承包单位

(1) 积极配合各方查找分析事故原因，并开展全面安全检查，对公司在安全生产中的薄弱环节进行整改，进一步加强安全防范措施。

(2) 全面建立安保体系，落实各级安全生产责任制；通过对各施工现场全面进行安全保证体系贯标，进一步落实安全生产责任制，促进施工现场文明施工；进一步突出了以项目经理为安全生产第一责任人的新的安全管理模式；明确安全生产人人有责，各岗位管理人员真正知道自己在安全管理上应该做什么，怎么做的要求；建立起安全生产的各个环节事事有人管，处处有人抓，促使安全生产真正有保证；改变安全管理靠突击应付的短期行为，做到持之以恒；通过 11 个要素，实现了对安全目标实施过程的有效控制；扭转施工组织设计中安全措施无实质性内容的弊病，强调安全策划的针对性和可操作性，特别是规范和完善专业性较强、施工危险性较大项目的施工组织设计中安全措施的编制。

(3) 加强深基坑施工的管理。为确保深基坑施工安全，公司就地铁车站基坑事故后的状况，技术部门在现场修改西部基坑的施工方案，且通过有关专家委员会的技术方案评审，并严格按照评审后的方案执行施工，同时对我公司目前施工的深基坑工程，安全部门及技术部门从方案到具体施工都加强了审查力度，建立深基坑工程跟踪监控制度，加强了现场的监控频率。基坑支护设计方案严格执行上海市建设委员会关于《上海市深基础工程管理暂行规定》的通知。

(4) 强化方案审批与执行的管理力度，强调无施工方案不施工，施工方案审批手续不全不施工，有方案没交底不施工。当实际施工情况与施工方案有变化时，应及时做好对原施工方案的变更手续，待手续完善后方可开工。

(5) 突出安全交底的必要性和技术性。技术部门必须将编制的质量计划（施工方案）向施工负责人进行书面安全技术交底；分包队伍进场，施工负责人必须根据本工程特点，向分包单位进场进行书面安全总交底。对每个职工进行工种安全技术操作规程交底及企业安全规章制度交底，并进行书面确认签字手续；分包单位在上岗前必须对施工人员进行安全交底，并在上岗记录上填写清楚，使安全交底纵向到底横向到边；同时，加强我们总包对分包队伍的施工安全、施工技术交底的监督。

(6) 加强对分包队伍的管理，把好分包单位资质关，使分包资质与所分包的项目匹配。施工人员须经安全教育培训后持有效证件方可上岗。特别加强对专业分包队伍的安全管理。

(7) 加强管理人员对安全技术标准的学习，加强安全教育培训工作，对在岗人员通过自办、外送形式来提高管理岗位人员的安全技术知识，突出对项目经理、施工员及技术员的安全培训教育。提高全员安全防范意识，摆正安全生产与经济效益的关系。

4. 设计单位

地铁车站基坑发生纵向滑坡事故后，该院院长、总工等行政、技术领导亲自带领、组织有关设计人员主动配合抢险工作，并对围护结构设计进行了复核和事故原因的分析研讨。通过事故，设计人员深切感到基坑工程安全责任重大，设计单位在配合施工过程中，除技术交底、施组审查等技术性会议中对基坑工程技术要求进行认真交底、对基坑安全进行强调外，可利用工程例会、下现场等场合，对安全问题进行反复强调，提高施工等有关方对深基坑工程风险的认识。必要时采取书面形式发联系单给建设、施工、监理、监测等有关单位，以期引起重视，避免灾害事故的发生。设计单位应利用事故案例反复、持续地在广大设计人员中开展剖析与教育，提高对深基坑工程安全问题的认识，从设计与施工配合方面把设计单位的工作至做得更好。

5. 建设单位

(1) 实行专项整治检查，加强监控力度。公司组织力量，由三位副总经理带队分成三组对在建的地铁车站工程、高架工程、轻轨工程的施工现场进行为期4天的安全专项整治检查。通过检查初步扭转了部分施工单位现场管理不力、有章不循的不良倾向，严格了总包对分包队伍的管理，消除了不少安全隐患。公司并且对在检查中发现的个别监理单位的实际工作与投标时及合同承诺不符，监理人员对现场监控严重不到位的监理单位终止其监理任务，清退出场。

(2) 进行专业技术培训，认识工程风险。地铁工程建设的安全风险很大，如何正确地认识，才能行之有效地避免风险杜绝事故。为此公司利用两个双休日，举办深基坑业务培训班。由技术权威刘院士、公司总经理、副总经理总工程师、同济大学刘教授，为公司的项目负责人、主任工程师、相关的技术管理人员以及监理单位的现场监理工程师，专题讲解地下车站的安全风险、职责要求；深基坑开挖、支撑、放基坡、垫层、围护、加固、降水、险情征兆、抢险措施等内容。通过专业学习使各级管理人员正确地认识工程的安全风险，掌握有关的知识，为杜绝类似事故的发生打下了扎实的基础。

(3) 落实整改措施，消除安全隐患。公司职能部门对安全专项检查中暴露出的不足，进行销项回访验证。在安全检查中共查出各类问题438个。针对这些不足，我们逐条进行销项验证，消除了这些不安全因素，确保了施工现场的安全。

(4) 充实管理力量，完善监控机制。为加强对施工现场的管理力度，公司充实了各项管部的管理力量，各项管部都设立了专职安全管理人员。地铁车站项管部还专门成立了总监组，加强对施工现场的日常巡查，还对施工单位和监理单位提出相应的安全管理要求。双管齐下，完善工程建设的监控机制，为工程建设的顺利进展提供有力的保证。

(5) 运用激励机制，开展百日竞赛。为更好地推动工程建设的安全生产，公司分别在三个项管部所属工地开展“安全生产百日无事故竞赛”活动，对在“安全生产百日无事故竞赛”活动中的优秀单位进行物质奖励，运用激励机制来调动施工单位的安全生产积极性，取得了较好的效果。

四、事故处理结果

1. 本起事故直接经济损失约为 140 万元。

2. 事故发生后，总、分包单位根据事故调查小组的意见，对本次事故负有一定责任者进行了相应的处理：

(1) 土方单位现场项目部领班褚某，在小坡施工中未能严格执行施工方案，造成小坡坡度过陡引发事故，对本次事故负有直接责任，决定对其作留厂察看一年处分。

(2) 土方单位现场项目经理陈某，未能根据工况实际对领班和操作人员作针对性的安全技术交底，同时也未能认真执行放坡规定，对本次事故负有直接管理责任，决定撤销其三级项目经理资质，并给予行政记大过处分。

(3) 土方单位总经理周某，对职工的日常安全教育和培训不够，对项目部及管理人员监管不力，对本次事故负有领导责任，决定给予行政警告处分。上海市建设和建筑管理委员会决定对土方单位暂扣资质证书六个月。

(4) 监理单位现场总监张某、监理马某对施工单位施工过程中的关键点、危险点未能以书面形式下达，对施工动态监控、管理不严，对本次事故均负有一定责任，决定撤销张某担任的地铁车站监理组总监职务，决定给予马某行政记过处分并调离地铁车站工作。上海市建设和建筑管理委员会决定对监理单位暂扣资质证书六个月。

(5) 总承包项目部副经理朱某，对分包队伍日常施工过程中的动态管理与安全技术交底的执行情况检查、督促不力，对本次事故负有管理责任，决定对其给予行政记大过处分。

(6) 总承包项目经理部经理鲁某，对项目部及管理人员的日常监管不严，对本次事故负有领导责任，决定给予行政记过处分。上海市建设和管理委员会决定对总包单位暂扣企业资质证书六个月。

重大安全事故案例 5

一、事故概况

2000 年 11 月 15 日晚，在上海某建设发展有限公司承建的某锅炉房工程的工地上，正在进行锅炉房屋面柱、梁、板混凝土浇捣施工作业。11 月 15 日 24 时之前，整个作业面操作人员有 30 余人。随着施工进展，至 11 月 16 日凌晨 2 时左右有 17 人离开作业现场，出事前 5 分钟又有 3 人离开，最终剩下 14 人继续进行作业。到凌晨 4 时左右，当浇捣到西南角还剩下最后二泵车混凝土时，由于模板支撑系统搭设极不合理，再加上泵车混凝土输出时的冲击和振动器的振动，整个屋面由西向东突然坍塌，14 名作业人员顷刻间随之一同坠落的二层楼面并被混凝土掩埋，坠落

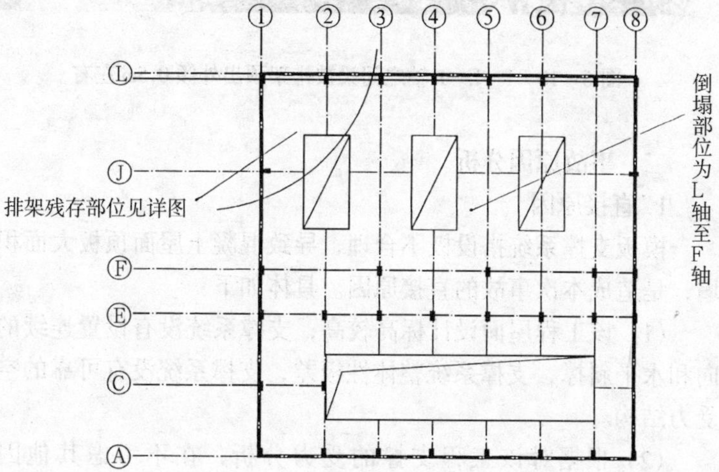

图 6-9　某公司锅炉房排架支撑倒塌现场简图

高度为 16.5m。事故发生后，市委、市府以及各级领导迅速赶往现场，并以最快速度调集各方力量全力抢救，但终因事故非常严重，造成 11 人经抢救无效死亡、二人重伤、一人轻伤。

图 6－10　1—L—F 轴之间梁被排架顶出外倾 0.5m 左右

二、事故原因分析

1. 直接原因

模板支撑系统搭设极不合理，导致混凝土屋面顶板大面积坍塌，是造成本次事故的直接原因。具体如下：

(1) 该工程屋面设计标高较高，支撑系统没有设置连续的竖向和水平斜撑，支撑系统整体性极差，支撑系统没有可靠的空间受力结构。

(2) 根据对该工程支撑的受力分析，在不考虑其他因素外，此时的单根支撑已不稳定，支撑系统已不能满足安全要求。

2. 间接原因

施工单位：

(1) 无施工组织设计，盲目施工。

(2) 无施工许可证和开工报告。

(3) 模板支撑无搭设方案，搭设后又不组织检查、验收。

(4) 公司及施工现场质量、安全管理严重失控。

(5) 施工负责人、管理人员、特种作业人员均无证上岗。

(6) 擅自招用工人未经教育培训就安排上岗。

(7) 将如此之大的模板支撑搭设工作，承包给普工班长。

建设单位：

为加快扩大生产规模，在无土地批文、无设计合同、无施工许可；无报建、报监、无“三同时”审查的情况下，强行施工单位匆忙开工。

设计单位：

在无委托设计依据，对设计图纸无审定批准的情况下，就匆忙把不完整的图纸交于施工单位，严重违反有关规定。

3. 主要原因

无施工组织设计，盲目施工，管理失控，是造成本次事故的主要原因。

三、事故预防及控制措施

1. 施工单位

(1) 清理整顿公司内部安全管理制度，修订完善公司内部各级安全生产责任制。

(2) 全面清理整顿公司目前正在施工的各个项目，完善各项安全技术措施，办理完成各项手续，杜绝不安全行为和不安全状态，确保工程施工安全。

(3) 建立健全安全生产保证体系，加强施工人员的施工技能的培训，尤其是特种作业人员的教育培训，做到所有施工人员持证上岗，加强施工人员的安全教育，加强施工现场的安全管理。

2. 建设单位

（1）加强对工程建设的领导管理工作，加强对工程管理人员的法制教育。

（2）严格执行《集体建设项目土地、计划、立项、用地及请照手续的操作程序》，补齐所有工程建设所需手续。

（3）严格执行《建筑法》、《上海市建筑市场管理条例》等法律、法规，强化合同意识，选择有相应资质的设计、勘探、监理、施工等单位并与之签订合同。

四、事故处理结果

1. 本起事故直接经济损失约为257.5万元。

2. 事故企业通过对事故的调查和分析，对事故责任者作出以下处理：

（1）施工单位公司总经理李某，犯重大责任事故罪，被闵行区人民法院判处有期徒刑二年，缓刑二年。

（2）施工单位工程队长杨某，犯重大责任事故罪，被闵行区人民法院判处有期徒刑三年，缓刑二年。

（3）施工单位现场负责人周某，犯重大责任事故罪，被闵行区人民法院判处有期徒刑二年，缓刑三年。

（4）施工单位现场模板支撑搭设负责人刘某，犯重大责任事故罪，被闵行区人民法院判处有期徒刑三年，缓刑三年。

（5）建设单位董事长、总经理潘某，在无土地批文、无设计合同、无施工许可；无报建、报监、无“三同时”审查的情况下，强行施工单位匆忙开工，对本次事故负有重要责任，决定给予行政记过的处分。

3. 建立健全安全教育、安全技术交底制度，狠抓对施工作业人安全教育、安全技术交底工作的落实，在施工全过程做到教育在前、交底在先，把安全管理工作落到实处。

4. 对危险作业部位和过程编制专项施工方案，严格审批程序，并在施工过程中予以严格执行。

5. 加大施工现场的安全检查监督力度，加强对危险源和不安全因素的监控，对安全缺陷和事故隐患进行及时、彻底地整改，并予以复查验证。

6. 加强对职工的自我保护意识和安全防范意识的教育培训，做到“不伤害自己，不伤害他人，不被他人伤害”，确保安全生产。

重大安全事故案例 6

一、事故概况

2002 年 3 月 15 日，在上海某设备安装二分公司承建以及某安装检修公司、某市政公司分包的高桥某工地上，实施延迟焦化装置－焦碳塔的吊装工程的施工作业。焦碳塔总重量为：261.749t，采用的主吊机为美国 M4600S4/S3 型 680t 环轨式起重机，额定起重量为：307.6t，回转半径为：29m；配合抬吊的是两台起重量分别为：200t 和 225t 的汽车吊。10 时 35 分，主吊机吊着焦碳塔的塔顶，两台汽车吊抬吊着焦碳塔的塔尾，在提升到一定高度后，塔尾的两台汽车吊配合主吊机使焦碳塔呈垂直状态。此时，主吊机停止提升并放送吊具，配合拆除了两台汽车吊在塔尾的吊具。待有关设备均清场后，主吊机开始提升焦碳塔，当提升高度为 18m、主吊机向逆时针方向回转 2m 时，主吊机的臂架系统发生斜向倾倒，随即主吊机的吊臂和所吊焦碳塔砸向一侧的焦碳塔钢结构和焦碳塔安装平台，伤及正在钢结构上施工的 14 名员工和在焦碳塔安装平台上作业的 1 名员工，当场造成 5 人死亡、10 人受伤的重大事故。

二、事故原因分析

1. 直接原因

经调查，该吊装工程的施工是根据《140 万吨/年延迟焦化装置重大设备、塔架吊装施工方案》实施的。而该方案在编制中未按“M4600 吊机环轨基础图”上的技术参数进行吊机基础施工设计。另外，还听取了某个工程管理人员的错误口头建议，对在安装吊机时发现基础部分地面有渗水和沉降现象未引起足够重视，仅采取在六个部位抽去部分铁墩，改用十三块钢质路基箱增加支承面积来减少对基础压强的简单“加固”措施，而对于承载吊机和重物的基础是否符合技术要求没有进行验证。错误的吊机基础施工方案，导致基础远不能满足吊机所需的地基承受压强，埋下严重的事故隐患。

通过对事故的调查分析、勘查现场和有关吊装技术文件的核查后认定：没有进行按场地工程地质条件、吊机基础压力与基础平整度要求进行完整地基基础设计与施工，使吊机环轨梁下地基承载力严重不足，是造成本次事故的直接原因。

2. 间接原因

(1) 施工现场严重违反《起重吊装机械》规范，安全措施不落实是事故重要原因。

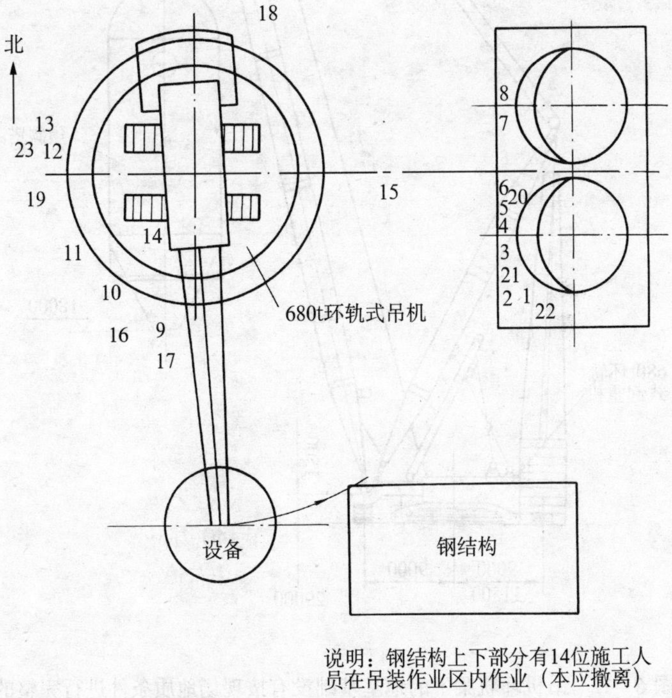

图 6－11　起重伤害事故现场示意图

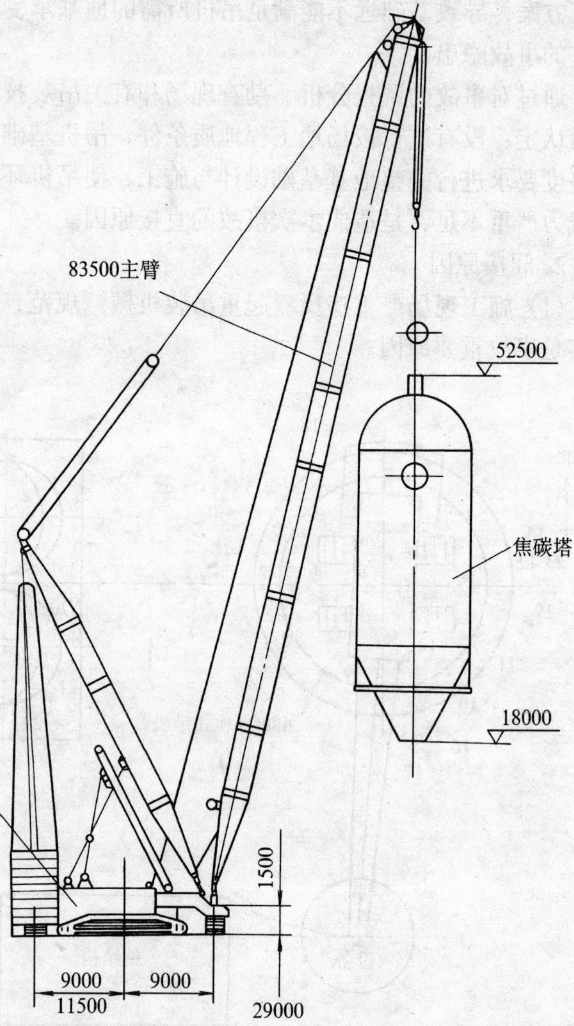

图 6－12　吊机环轨梁下的地基基础没有按现场地质条件进行完整的设计、施工，基础下沉后又采用了错误的处理方法，导致惨剧发生

图 6-13　焦碳塔及 680t 吊机臂架压在钢结构上

图 6-14　680t 吊机机体上连接臂架支承台车的耳环折断、折弯

（2）现场监督记录不齐全，未严格按监理工作范围和内容要求实施有效管理。

（3）工程建设参与各方没有正确处理安全生产与施工进度的关系，安全意识淡薄。

（4）工程建设参与各方的合同不符合规范要求。

3. 主要原因

缺乏完整的吊机环轨梁基础设计与计算，基础下沉后采取了错误的处理方法，是造成本次事故的主要原因。

三、事故控制及预防措施

1. 工程施工必须坚持科学的设计与计算，正确对待工程技术的每一个环节，进行具有针对性的技术交底，编制具有针对性技术措施的完整施工方案，杜绝凭经验和侥幸心理办事。

2. 工程施工必须落实工程建设参与各方面的安全生产的规章制度，杜绝违章作业。

3. 大型起重设备的作业，必须严格按规定程序进行，精心组织施工，确保安全生产万无一失。

4. 工程施工必须做到安全职责明确，强化现场监督管理，完善合同的具体条款，做到有序管理。

四、事故处理结果

1. 本起事故直接经济损失约为736.4万元。

2. 事故发生后，司法机关以及各承建单位根据事故的性质和调查小组的意见，分别对本次事故负有一定责任者进行了相应的处理：

（1）安装检修公司现场主要负责人郎某，凭经验办事，口头提出错误建议，对特殊的吊装设备缺乏详细的技术交底，对吊机基础出现问题后，自行采取不适当的“加固”措施对本次事故负有主要责任，由司法机关予以刑事拘留处理。

（2）安装二分公司项目经理应某，未正确处理好施工进度与安全生产的关系，采纳了错误的主吊机基础施工口头建议，对施工协调组织和安全管理不力，对本次事故负有主要责任，由司法机关予以刑事拘留处理。

(3) 安装公司副总工程师陈某，负责公司技术管理工作，批准了缺乏技术依据施工方案，对本次事故负有技术管理的领导责任，给予行政警告处分。

(4) 安装公司副总经理蔡某，对公司的安全生产管理不力，对本次事故负有领导责任，给予行政警告处分。

(5) 安装二分公司副经理应某，对工程项目的承包管理、施工组织和安全生产管理不力，对本次事故负有领导责任，给予行政记过处分。

(6) 安装二分公司副主任工程师顾某，对现场技术管理不严，对本次事故负有管理责任，给予行政记过处分。

(7) 安装二分公司安全员陈某，对在吊装作业区域内同时有非吊装人员在钢结构上进行施工未有效制止，对本次事故负有一定责任，给予行政警告处分。

(8) 市政公司副经理刘某，当吊装作业区域内有非吊装人员在钢结构上施工，未果断采取措施有效制止，对本次事故负有重大责任，给予行政记过处分。

(9) 市政公司起重工林某，当吊装作业区域内有非吊装人员在钢结构上施工，未采取停吊等措施，对本次事故的扩大负有一定责任，给予行政记过处分。

(10) 安装检修公司总经理薛某，对本单位安全生产管理不力，对本次事故负有领导责任，给予行政警告处分。

(11) 安装检修公司施工处副处长王某，对本单位技术工作管理不细，对本次事故负有重要责任，给予行政记大过处分。

(12) 安装检修公司施工处副科长叶某，对在吊装作业区域内同时有非吊装人员在钢结构上进行施工，没有提出异议，对本次事故负有一定责任，给予行政记过处分。

(13) 安装检修公司施工现场 680t 吊机主驾驶陈某，违反“起重十不吊”的安全规定，对本次事故负有一定责任，给予行政警告处分。

(14) 建设单位现场安全员赵某，对现场安全生产监督不力，对本次事故负有一定责任，给予行政警告处分。

(15) 建设单位现场副总指挥周某，对现场安全生产管理不严，对本次事故负有一定领导责任，给予行政警告处分。

(16) 监理公司现场监理员马某，对现场施工单位状况掌握不完全，现场监督不力，监理记录不齐全，对本次事故负有一定领导责任，给予行政警告处分。

重大安全事故案例 7

一、事故概况

2002 年 10 月 2 日，在江苏某建筑安装集团上海公司承建、上海某建设工程咨询公司监理的宿舍二期 1 标段工程工地上，上午 7 时左右，项目经理陆某电话通知公司安全科长汤某安排人员拆除 10 号楼东面井架。汤某答应派拆井架的人员去工地。但瞿某（当过机修工，懂钳工技术，公司安全科长汤某指派在现场上的临时安全员）没有等拆除人员到现场，上午 6 点左右就擅自带领季某、彭某、吴某 3 名架子班小工和卷扬机操作工钟某开始井架拆除作业。

10 号楼东面井架高 40.5m，井架外型尺寸为 2.3m × 2m，角钢为 L75 × 5，钢丝绳直径为 9.3mm。瞿某在拆除井架天梁时，采用架设临时天梁的拆除方式。瞿某和另外 3 名工人站在吊篮内，瞿某指挥卷扬机操作工钟某将他们提升至井架顶部下第二节，先将一根长约 2.37m 自行加工的 ϕ89mm × 1.5mm 的钢管和螺纹钢焊接成的临时天梁搁置在井架顶部下一节腹杆上。然后把天梁上的钢丝绳拆下，将钢丝绳通过固定在井架顶部下一节主弦与腹杆节点上的上部导向滑轮（0.5t 桃式开口型起重滑车）与临时天梁的 2t 闭口吊钩型起重滑车、吊篮横梁上的滑轮串绕后，固定在临时天梁的螺纹钢构件上。上午 9 时 30 分左右，瞿某等 4 名工人将井架顶部的天梁拆下，搬运至吊篮内，此时临时天梁的钢管突然断裂，产生冲击，使钢丝绳和上部导向滑轮的吊钩断裂，吊篮从 35.67m 高处下坠。又因为井架的防坠装置失效，造成 4 名拆除作业的工人随吊篮一起坠落至地。事故发生后，项目部立即将 4 人送往医院，经抢救无效后死亡。

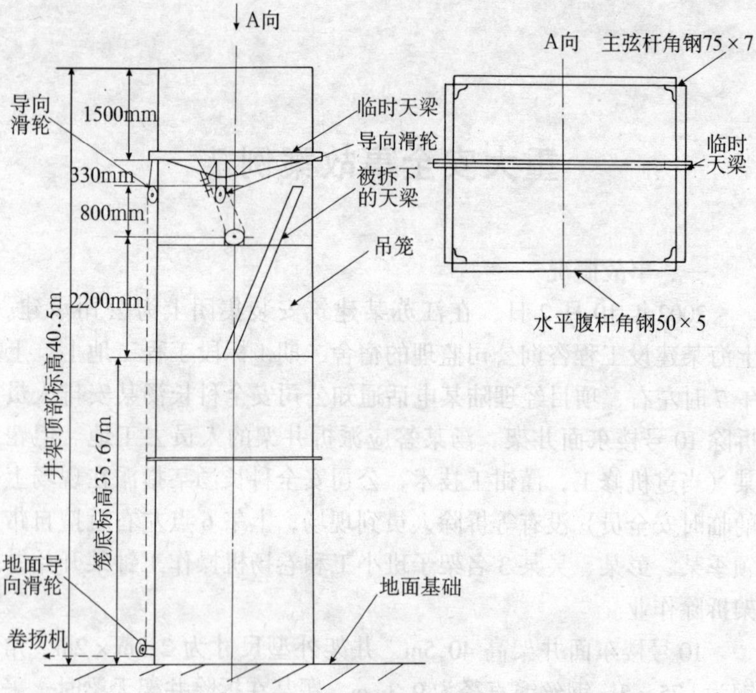

图6－15　井架吊笼坠落事故平立面图

二、事故原因分析

1. 直接原因

（1）临时天梁选材不合理，强度不够。由于临时天梁采用薄壁钢管与螺纹钢焊接而成，焊接处管壁已烧穿多处，且受力后脱开，使天梁成为单根钢管受力。而单根钢管强度又不足以承受实际外荷载，造成钢管断裂，并产生冲击，使钢丝绳和上部导向滑轮的吊钩断裂，最终导致井架吊篮从35.67m高处坠落至地面。

（2）工地临时安全员瞿某自行使用钢管、螺纹钢焊接临时天梁，并擅自制定拆除方法，违章指挥架子班小工季某、吴某、彭某进行井架拆除，并带领他们站在吊篮内违章作业。

2. 间接原因

(1) 公司安全科长汤某，安排无安全员证的人员从事工地安全管理工作，使得工地安全管理混乱，导致井架搭设拆除管理和

图 6-16 事故井架全景（吊笼坠落在井架底部、天梁已被拆除）

图6-17　使用选材不合理、强度不合格的临时天梁
（钢管焊接的螺纹钢处被撕出一孔洞）

人员安排失控。

(2) 公司架子班负责人王某和架子工孙某，作为井架维修保养的责任人，未按规定对井架进行检查和维修，导致井架的防坠装置内部嵌满油污垃圾，吊篮坠落时防坠装置失效。

(3) 项目部经理陆某、项目副经理孙某作为现场生产负责人对安全生产重视不够，对安全防护措施监督检查不严，致使现场安全管理混乱。

(4) 监理单位没有按合同要求严格监督管理，从日常监理资料中，记录安全管理的情况较少，反映出对现场安全监控不严，监理工作不到位；现场监理值班人员在工地未及时发现和制止违章拆除井架的行为。

(5) 公司对所属的项目部管理不严，管理制度未理顺，责任

图 6－18　安装在井架上的防断绳装置（里面嵌满油污垃圾，已失效）

制不明确，对井架等机械设备管理混乱，使工地上安全隐患严重。

3．主要原因

工地临时安全员瞿某，自行使用钢管、螺纹钢焊接作临时天梁，并擅自制定拆除方法，违章指挥并带领其他 3 名作业人员站在吊篮内违章作业，是造成本起事故的主要原因。

三、事故预防及控制措施

1．施工单位

（1）公司会同监理单位立即对工程进行全面安全检查。对查出的问题和隐患依据定人、定时、定措施、定责任的原则，落实整改。对其余将要拆卸的井架，公司立即组织有关专业人员制订详细拆卸方案，并报监理部门审批，配备足够的有资质证书的专业拆卸人员，安排好现场监护人员。

(2) 公司立即组织对进沪施工人员的安全教育，重点围绕这次重大事故的惨痛教训，举一反三地开展“四不放过”教育，使全体职工通过这次血的教训明确各级领导的安全责任，提高工人的安全意识，杜绝违章指挥、违章作业。

(3) 项目部要加强各级安全生产岗位责任制的落实，对不安全因素加强监控，对安全教育、交底、检查工作狠抓落实，确保施工全过程安全监管、检查工作落到实处。

(4) 公司进一步完善安全生产各项规章制度，理顺塔吊、井架等机械设备管理制度，明确各管理部门的职责和责任制。对进沪施工单位，各项目部配备足够的专职安全人员。加强对专职安全人员的培训工作，各工种施工人员必须做到持证操作，特种作业人员必须经过专业培训持证上岗，对特殊工种人员进行重新检查和登记，保证各工种配足配齐，并进行及时的培训和复训。

2. 监理单位

(1) 在监理部领导、项目总监的带领下，对该工程进行全面的安全检查，对查出的安全问题以书面形式汇报给业主，并督促施工单位整改。加强现场的巡查工作，对以后将要拆卸的四台井架，要求施工单位详细编制拆卸方案，并仔细审核有关拆卸人员的特殊工种操作证等，做好拆卸时的现场监控工作，杜绝同类事故的发生。

(2) 认真吸取事故教训，严格审核施工现场有关安全技术方案，根据工程进度的要求，控制好现场安全防护设施、机械设备的安装、维修、拆卸等时间地点，监管到位。

(3) 进一步健全和完善监理部安全监督管理制度和体系，落实责任制，责任到人。对工程管理过程中发现的问题，狠抓落实，并做好记录。加强巡视旁站及现场记录，使管理工作有案可查，对施工单位上报的资料（验收资料和施工组织设计等）做到收集记录完整。

四、事故处理结果

1. 本次事故直接经济损失约为 60 万元。

2. 事故发生后，总包单位和监理单位根据事故调查小组的意见，分别对本次事故负有一定责任者进行了相应的处理：

（1）项目部临时安全员瞿某，违章指挥、违章作业，对本次重大事故负有直接责任，鉴已死亡，不予追究责任。

（2）总包架子班负责人王某和架子工孙某，作为井架维修保养的负责人，未按规定对井架进行及时的维修和保养，使得吊篮坠落时防坠装置失效，对本次重大事故负有重要责任，给予开除留用的行政处分。

（3）公司安全科长汤某，安排无安全员证的瞿某从事工地安全管理工作，对井架搭设拆除管理和人员安排失控，使得工地安全管理混乱。对本次重大事故负有直接管理责任，给予撤消职务，开除留用的行政处分。

（4）项目部经理陆某，对安全监督检查不严，对本次重大事故负有直接管理责任，给予行政记大过处分。

（5）项目部副经理孙某，对施工现场管理不严，检查不力，对本次重大事故负有直接管理责任，给予行政记大过处分。

（6）公司负责安全生产的副经理朱某，对公司安全生产工作管理督促不严，对本次重大事故负有领导责任，给予行政降级处分。

（7）公司总经理谷某，对安全生产工作监督管理不力，对本次重大事故负有领导责任，给予行政记过处分。

（8）监理部副总监徐某，对现场安全监控不严，对本次重大事故负有管理责任，给予行政警告处分和经济处罚。

（9）监理部安全员苏某，对现场安全监控不严；现场值班员韩某，在工地上未及时发现和制止违章拆除井架的行为，对本次重大事故负有管理责任，分别给予行政记过处分和经济处罚。

附　录

附录一　中华人民共和国建筑法

国家主席令　第91号

（1997年11月1日第八届全国人民代表大会常务委员会第二十八次会议通过）

目　　录

第一章　总　　则

第一条　为了加强对建筑活动的监督管理，维护建筑市场秩序，保证建筑工程的质量和安全，促进建筑业健康发展，制定本法。

第二条　在中华人民共和国境内从事建筑活动，实施对建筑活动的监督管理，应当遵守本法。

本法所称建筑活动，是指各类房屋建筑及其附属设施的建造和与其配套的路线、管道、设备的安装活动。

第三条　建筑活动应当确保建筑工程质量和安全，符合国家的建筑工程安全标准。

第四条 国家扶持建筑业的发展，支持建筑科学技术研究，提高房屋建筑设计水平，鼓励节约能源和保护环境，提倡采用先进技术、先进设备、先进工艺、新型建筑材料和现代管理方式。

第五条 从事建筑活动应当遵守法律、法规，不得损害社会公共利益和他人的合法权益。任何单位和个人都不得妨碍和阻挠依法进行的建筑活动。

第六条 国务院建设行政主管部门对全国的建筑活动实施统一监督管理。

第二章 建筑许可

第一节 建筑工程施工许可

第七条 建筑工程开工前，建设单位应当按照国家有关规定向工程所在地县级以上人民政府建设行政主管部门申请领取施工许可证；但是，国务院建设行政主管部门确定的限额以下的小型工程除外。

按照国务院规定的权限和程序批准开工报告的建筑工程，不再领取施工许可证。

第八条 申请领取施工许可证，应当具备下列条件：

（一）已经办理该建筑工程用地批准手续；

（二）在城市规划区的建筑工程，已经取得规划许可证；

（三）需要拆迁的，其拆迁进度符合施工要求；

（四）已经确定建筑施工企业；

（五）有满足施工需要的施工图纸及技术资料；

（六）有保证工程质量和安全的具体措施；

（七）建设资金已经落实；

（八）法律、行政法规规定的其他条件。

建设行政主管部门应当自收到申请之日起十五日内，对符合条件的申请颁发施工许可证。

第九条 建设单位应当自领取施工许可证之日起三个月内开工。因故不能按期开工的，应当向发证机关申请延期；延期以两次为限，每次不超过三个月。既不开工又不申请延期或者超过延期时限的，施工许可证自行废止。

第十条 在建的建筑工程因故中止施工的，建设单位应当自中止施工之日起一个月内，向发证机关报告，并按照规定做好建筑工程的维护管理工作。

建筑工程恢复施工时，应当向发证机关报告；中止施工满一年的工程恢复施工前，建设单位应当报发证机关核验施工许可证。

第十一条 按照国务院有关规定批准开工报告的建筑工程，因故不能按期开工或者中止施工的，应当及时向批准机关报告情况。因故不能按期开工超过六个月的，应当重新办理开工报告的批准手续。

第二节 从业资格

第十二条 从事建筑活动的建筑施工企业、勘察单位、设计单位和工程监理单位，应当具备下列条件：

（一）有符合国家规定的注册资本；

（二）有与其从事的建筑活动相适应的具有法定执业资格的专业技术人员；

（三）有从事相关建筑活动所应有的技术装备；

（四）法律、行政法规规定的其他条件。

第十三条 从事建筑活动的建筑施工企业、勘察单位、设计单位和工程监理单位，按照其拥有的注册资本、专业技术人员、技术装备和已完成的建筑工程业绩等资质条件，划分为不同的资质等级、经资质审查合格，取得相应等级的资质证书后，方可在其资质等级许可的范围内从事建筑活动。

第十四条 从事建筑活动的专业技术人员，应当依法取得相应的执业资格证书，并在执业资格证书许可的范围内从事建筑活动。

第三章　建筑工程发包与承包

第一节　一 般 规 定

第十五条　建筑工程的发包单位与承包单位应当依法订立书面合同，明确双方的权利和义务。

发包单位和承包单位应当全面履行合同约定的义务。不按照合同约定履行义务的，依法承担违约责任。

第十六条　建筑工程发包与承包的招标投标活动，应当遵循公开、公正、平等竞争的原则，择优选择承包单位。

建筑工程的招标投标，本法没有规定的，适用有关招标投标法律的规定。

第十七条　发包单位及其工作人员在建筑工程发包中不得收受贿赂、回扣或者索取其他好处。

承包单位及其工作人员不得利用向发包单位及其工作人员行贿、提供回扣或者给予其他好处等不正当手段承揽工程。

第十八条　建筑工程造价应当按照国家有关规定，由发包单位与承包单位在合同中约定。公开招标发包的，其造价的约定，须遵守招标投标法律的规定。

发包单位应当按照合同的约定，及时拨付工程款项。

第二节　发　　包

第十九条　建筑工程依法实行招标发包，对不适于招标发包的可以直接发包。

第二十条　建筑工程实行公开招标的，发包单位应当依照法定程序和方式，发布招标公告，提供载有招标工程的主要技术要求、主要的合同条款、评标的标准和方法以及开标、评标、定标的程序等内容的招标文件。

开标应当在招标文件规定的时间、地点公开进行。开标后应当按照招标文件规定的评标标准和程序对标书进行评价、比较，在具备相应资质条件的投标者中，择优选定中标者。

第二十一条 建筑工程招标的开标、评标、定标由建设单位依法组织实施，并接受有关行政主管部门的监督。

第二十二条 建筑工程实行招标发包的，发包单位应当将建筑工程发包给依法中标的承包单位。建筑工程实行直接发包的，发包单位应当将建筑工程发包给具有相应资质条件的承包单位。

第二十三条 政府及其所属部门不得滥用行政权力，限定发包单位将招标发包的建筑工程发包给指定的承包单位。

第二十四条 提倡对建筑工程实行总承包，禁止将建筑工程肢解发包。

建筑工程的发包单位可以将建筑工程的勘察、设计、施工、设备采购一并发包给一个工程总承包单位，也可以将建筑工程勘察、设计、施工、设备采购的一项或者多项发包给一个工程总承包单位；但是，不得将应当由一个承包单位完成的建筑工程肢解成若干部分发包给几个承包单位。

第二十五条 按照合同约定，建筑材料、建筑构配件和设备由工程承包单位采购的，发包单位不得指定承包单位购入用于工程的建筑材料、建筑构配件和设备或者指定生产厂、供应商。

第三节　承　包

第二十六条 承包建筑工程的单位应当持有依法取得的资质证书，并在其资质等级许可的业务范围内承揽工程。

禁止建筑施工企业超越本企业资质等级许可的业务范围或者以任何形式用其他建筑施工企业的名义承揽工程。禁止建筑施工企业以任何形式允许其他单位或者个人使用本企业的资质证书、营业执照，以本企业的名义承揽工程。

第二十七条 大型建筑工程或者结构复杂的建筑工程，可以由两个以上的承包单位联合共同承包。共同承包的各方对承包合同的履行承担连带责任。

两个以上不同资质等级的单位实行联合共同承包的，应当按照资质等级低的单位的业务许可范围承揽工程。

第二十八条 禁止承包单位将其承包的全部建筑工程转包给他人，禁止承包单位将其承包的全部建筑工程肢解以后以分包的名义分别转包给他人。

第二十九条 建筑工程总承包单位可以将承包工程中的部分工程发包给具有相应资质条件的分包单位；但是，除总承包合同中约定的分包外，必须经建设单位认可。施工总承包的，建筑工程主体结构的施工必须由总承包单位自行完成。

建筑工程总承包单位按照总承包合同的约定对建设单位负责；分包单位按照分包合同的约定对总承包单位负责。总承包单位和分包单位就分包工程对建设单位承担连带责任。

禁止总承包单位将工程分包给不具备相应资质条件的单位。禁止分包单位将其承包的工程再分包。

第四章 建筑工程监理

第三十条 国家推行建筑工程监理制度。

国务院可以规定实行强制监理的建筑工程的范围。

第三十一条 实行监理的建筑工程，由建设单位委托具有相应资质条件的工程监理单位监理。建设单位与其委托的工程监理单位应当订立书面委托监理合同。

第三十二条 建筑工程监理应当依照法律、行政法规及有关的技术标准、设计文件和建筑工程承包合同，对承包单位在施工质量、建设工期和建设资金使用等方面，代表建设单位实施监督。

工程监理人员认为工程施工不符合工程设计要求、施工技术标准和合同约定的，有权要求建筑施工企业改正。

工程监理人员发现工程设计不符合建筑工程质量标准或者合同约定的质量要求的，应当报告建设单位要求设计单位改正。

第三十三条 实施建筑工程监理前，建设单位应当将委托的工程监理单位、监理的内容及监理权限，书面通知被监理的建筑施工企业。

第三十四条 工程监理单位应当在其资质等级许可的监理范围内，承担工程监理业务。

工程监理单位应当根据建设单位的委托，客观、公正地执行监理任务。

工程监理单位与被监理工程的承包单位以及建筑材料、建筑构配件和设备供应单位不得有隶属关系或者其他利害关系。

工程监理单位不得转让工程监理业务。

第三十五条 工程监理单位不按照委托监理合同的约定履行监理义务，对应当监督检查的项目不检查或者不按规定检查，给建设单位造成损失的，应当承担相应的赔偿责任。

工程监理单位与承包单位串通，为承包单位谋取非法利益，给建设单位造成损失的，应当与承包单位承担连带赔偿责任。

第五章 建筑安全生产管理

第三十六条 建筑工程安全生产管理必须坚持安全第一、预防为主的方针，建立健全安全生产的责任制度和群防群治制度。

第三十七条 建筑工程设计应当符合按照国家规定制定的建筑安全规程和技术规范，保证工程的安全性能。

第三十八条 建筑施工企业在编制施工组织设计时，应当根据建筑工程的特点制定相应的安全技术措施；对专业性较强的工程项目，应当编制专项安全施工组织设计，并采取安全技术措施。

第三十九条 建筑施工企业应当在施工现场采取维护安全、防范危险、预防火灾等措施；有条件的，应当对施工现场实行封闭管理。

施工现场对毗邻的建筑物、构筑物和特殊作业环境可能造成损害的，建筑施工企业应当采取安全防护措施。

第四十条 建设单位应当向建筑施工企业提供与施工现场相关的地下管线资料，建筑施工企业应当采取措施加以保护。

第四十一条 建筑施工企业应当遵守有关环境保护和安全生产的法律、法规的规定，采取控制和处理施工现场的各种粉尘、废气、废水、固体废物以及噪声、振动对环境的污染和危害的措施。

第四十二条 有下列情形之一的，建设单位应当按照国家有关规定办理申请批准手续：

（一）需要临时占用规划批准范围以外场地的；

（二）可能损坏道路、管线、电力、邮电通讯等公共设施的；

（三）需要临时停水、停电、中断道路交通的；

（四）需要进行爆破作业的；

（五）法律、法规规定需要办理报批手续的其他情形。

第四十三条 建设行政主管部门负责建筑安全生产的管理，并依法接受劳动行政主管部门对建筑安全生产的指导和监督。

第四十四条 建筑施工企业必须依法加强对建筑安全生产的管理，执行安全生产责任制度，采取有效措施，防止伤亡和其他安全生产事故的发生。

建筑施工企业法定代表人对本企业的安全生产负责。

第四十五条 施工现场安全由建筑施工企业负责。实行施工总承包的，由总承包单位负责。分包单位向总承包单位负责，服从总承包单位对施工现场的安全生产管理。

第四十六条 建筑施工企业应当建立健全劳动安全生产教育培训制度，加强对职工安全生产的教育培训；未经安全生产教育培训的人员，不得上岗作业。

第四十七条 建筑施工企业和作业人员在施工过程中，应当遵守有关安全生产的法律、法规和建筑行业安全规章、规程，不得违章指挥或者违章作业。作业人员有权对影响人身健康的作业程序和作业条件提出改进意见，有权获得安全生产所需的防护用品。作业人员对危及生命安全和人身健康的行为有权提出批评、检举和控告。

第四十八条 建筑施工企业必须为从事危险作业的职工办理

意外伤害保险，支付保险费。

第四十九条 涉及建筑主体和承重结构变动的装修工程，建设单位应当在施工前委托原设计单位或者具有相应资质条件的设计单位提出设计方案；没有设计方案的，不得施工。

第五十条 房屋拆除应当由具备保证安全条件的建筑施工单位承担，由建筑施工单位负责人对安全负责。

第五十一条 施工中发生事故时，建筑施工企业应当采取紧急措施减少人员伤亡和事故损失，并按照国家有关规定及时向有关部门报告。

第六章 建筑工程质量管理

第五十二条 建筑工程勘察、设计、施工的质量必须符合国家有关建筑工程安全标准的要求，具体管理办法由国务院规定。

有关建筑工程安全的国家标准不能适应确保建筑安全的要求时，应当及时修订。

第五十三条 国家对从事建筑活动的单位推行质量体系认证制度。从事建筑活动的单位根据自愿原则可以向国务院产品质量监督管理部门或者国务院产品质量监督管理部门授权的部门认可的认证机构申请质量体系认证。经认证合格的，由认证机构颁发质量体系认证证书。

第五十四条 建设单位不得以任何理由，要求建筑设计单位或者建筑施工企业在工程设计或者施工作业中，违反法律、行政法规和建筑工程质量、安全标准，降低工程质量。

建筑设计单位和建筑施工企业对建设单位违反前款规定提出的降低工程质量的要求，应当予以拒绝。

第五十五条 建筑工程实行总承包的，工程质量由工程总承包单位负责，总承包单位将建筑工程分包给其他单位的，应当对分包工程的质量与分包单位承担连带责任。分包单位应当接受总承包单位的质量管理。

第五十六条 建筑工程的勘察、设计单位必须对其勘察、设计的质量负责。勘察、设计文件应当符合有关法律、行政法规的规定和建筑工程质量、安全标准、建筑工程勘察、设计技术规范以及合同的约定。设计文件选用的建筑材料、建筑构配件和设备，应当注明其规格、型号、性能等技术指标，其质量要求必须符合国家规定的标准。

第五十七条 建筑设计单位对设计文件选用的建筑材料、建筑构配件和设备，不得指定生产厂、供应商。

第五十八条 建筑施工企业对工程的施工质量负责。

建筑施工企业必须按照工程设计图纸和施工技术标准施工，不得偷工减料。工程设计的修改由原设计单位负责，建筑施工企业不得擅自修改工程设计。

第五十九条 建筑施工企业必须按照工程设计要求、施工技术标准和合同约定，对建筑材料、建筑构配件和设备进行检验，不合格的不得使用。

第六十条 建筑物在合理使用寿命内，必须确保地基基础工程和主体结构的质量。

建筑工程竣工时，屋顶、墙面不得留有渗漏、开裂等质量缺陷；对已发现的质量缺陷，建筑施工企业应当修复。

第六十一条 交付竣工验收的建筑工程，必须符合规定的建筑工程质量标准，有完整的工程技术经济资料和经签署的工程保修书，并具备国家规定的其他竣工条件。

建筑工程竣工经验收合格后，方可交付使用；未经验收或者验收不合格的，不得交付使用。

第六十二条 建筑工程实行质量保修制度。

建筑工程的保修范围应当包括地基基础工程、主体结构工程、屋面防水工程和其他土建工程，以及电气管线、上下水管线的安装工程，供热、供冷系统工程等项目；保修的期限应当按照保证建筑物合理寿命年限内正常使用，维护使用者合法权益的原则确定。具体的保修范围和最低保修期限由国务院具体规定。

第六十三条 任何单位和个人对建筑工程的质量事故、质量缺陷都有权向建设行政主管部门或者其他有关部门进行检举、控告、投诉。

第七章 法律责任

第六十四条 违反本法规定，未取得施工许可证或者开工报告未经批准擅自施工的，责令改正，对不符合开工条件的责令停止施工，可以处以罚款。

第六十五条 发包单位将工程发包给不具有相应资质条件的承包单位的，或者违反本法规定将建筑工程肢解发包的，责令改正，处以罚款。

超越本单位资质等级承揽工程的，责令停止违法行为，处以罚款，可以责令停业整顿，降低资质等级；情节严重的，吊销资质证书；有违法所得的，予以没收。

未取得资质证书承揽工程的，予以取缔，并处罚款；有违法所得的，予以没收。

以欺骗手段取得资质证书的，吊销资质证书，处以罚款；构成犯罪的，依法追究刑事责任。

第六十六条 建筑施工企业转让、出借资质证书或者以其他方式允许他人以本企业的名义承揽工程的，责令改正，没收违法所得，并处罚款，可以责令停业整顿，降低资质等级；情节严重的，吊销资质证书。对因该项承揽工程不符合规定的质量标准造成的损失，建筑施工企业与使用本企业名义的单位或者个人承担连带赔偿责任。

第六十七条 承包单位将承包的工程转包的，或者违反本法规定进行分包的，责令改正，没收违法所得，并处罚款，可以责令停业整顿，降低资质等级；情节严重的，吊销资质证书。

承包单位有前款规定的违法行为的，对因转包工程或者违法分包的工程不符合规定的质量标准造成的损失，与接受转包或者分包的单位承担连带赔偿责任。

第六十八条 在工程发包与承包中索贿、受贿、行贿，构成犯罪的，依法追究刑事责任；不构成犯罪的，分别处以罚款，没收贿赂的财物，对直接负责的主管人员和其他直接责任人员给予处分。

对在工程承包中行贿的承包单位，除依照前款规定处罚外，可以责令停业整顿，降低资质等级或者吊销资质证书。

第六十九条 工程监理单位与建设单位或者建筑施工企业串通，弄虚作假、降低工程质量的，责令改正，处以罚款，降低资质等级或者吊销资质证书；有违法所得的，予以没收；造成损失的，承担连带赔偿责任；构成犯罪的，依法追究刑事责任。

工程监理单位转让监理业务的，责令改正，没收违法所得，可以责令停业整顿，降低资质等级；情节严重的，吊销资质证书。

第七十条 违反本法规定，涉及建筑主体或者承重结构变动的装修工程擅自施工的，责令改正，处以罚款；造成损失的，承担赔偿责任；构成犯罪的，依法追究刑事责任。

第七十一条 建筑施工企业违反本法规定，对建筑安全事故隐患不采取措施予以消除的，责令改正，可以处以罚款；情节严重的，责令停业整顿，降低资质等级或者吊销资质证书；构成犯罪的，依法追究刑事责任。

建筑施工企业的管理人员违章指挥、强令职工冒险作业，因而发生重大伤亡事故或者造成其他严重后果的，依法追究刑事责任。

第七十二条 建设单位违反本法规定，要求建筑设计单位或者建筑施工企业违反建筑工程质量、安全标准，降低工程质量的，责令改正，可以处以罚款；构成犯罪的，依法追究刑事责任。

第七十三条 建筑设计单位不按照建筑工程质量、安全标准进行设计的，责令改正，处以罚款；造成工程质量事故的，责令停业整顿，降低资质等级或者吊销资质证书，没收违法所得，并处罚款；造成损失的，承担赔偿责任；构成犯罪的，依法追究刑事责任。

第七十四条 建筑施工企业在施工中偷工减料的，使用不合格的建筑材料、建筑构配件和设备的，或者有其他不按照工程设计图纸或者施工技术标准施工的行为的，责令改正，处以罚款；情节严重的，责令停业整顿，降低资质等级或者吊销资质证书；造成建筑工程质量不符合规定的质量标准的，负责返工、修理，并赔偿因此造成的损失；构成犯罪的，依法追究刑事责任。

第七十五条 建筑施工企业违反本法规定，不履行保修义务或者拖延履行保修义务的，责令改正，可以处以罚款，并对在保修期内因屋顶、墙面渗漏、开裂等质量缺陷造成的损失，承担赔偿责任。

第七十六条 本法规定的责令停业整顿、降低资质等级和吊销资质证书的行政处罚，由颁发资质证书的机关决定；其他行政处罚，由建设行政主管部门或者有关部门依照法律和国务院规定和职权范围决定。

依照本法规定被吊销资质证书的，由工商行政管理部门吊销其营业执照。

第七十七条 违反本法规定，对不具备相应资质等级条件的单位颁发该等级资质证书的，由其上级机关责令收回所发的资质证书，对直接负责的主管人员和其他直接责任人员给予行政处分；构成犯罪的，依法追究刑事责任。

第七十八条 政府及其所属部门的工作人员违反本法规定，限定发包单位将招标发包的工程发包给指定的承包单位的，由上级机关责令改正；构成犯罪的，依法追究刑事责任。

第七十九条 负责颁发建筑工程施工许可证的部门及其工作人员对不符合施工条件的建筑工程颁发施工许可证的，负责工程质量监督检查或者竣工验收的部门及其工作人员对不合格的建筑工程出具质量合格文件或者按合格工程验收的，由上级机关责令改正，对责任人员给予行政处分；构成犯罪的，依法追究刑事责任；造成损失的，由该部门承担相应的赔偿责任。

第八十条 在建筑物的合理使用寿命内，因建筑工程质量不合格受到损害的，有权向责任者要求赔偿。

第八章 附 则

第八十一条 本法关于施工许可、建筑施工企业资质审查和建筑工程发包、承包、禁止转包，以及建筑工程监理、建筑工程安全和质量管理的规定，适用于其他专业建筑工程的建筑活动，具体办法由国务院规定。

第八十二条 建设行政主管部门和其他有关部门在对建筑活动实施监督管理中，除按照国务院有关规定收费用外，不得收取其他费用。

第八十三条 省、自治区、直辖市人民政府确定的小型房屋建筑工程的建筑活动，参照本法执行。

依法核定作为文物保护的纪念建筑物和古建筑等的修缮，依照文物保护的有关法律规定执行。

抢险救灾及其他临时性房屋建筑和农民自建低层住宅的建筑活动，不适用本法。

第八十四条 军用房屋建筑工程建筑活动的具体管理办法，由国务院、中央军事委员会依据本法制定。

第八十五条 本法自 1998 年 3 月 1 日起施行。

（1997 年 11 月 1 日）

附录二　中华人民共和国安全生产法

国家主席令　第70号

（2002年6月29日第九届全国人民代表大会常务委员会第二十八次会议通过）

目　　录

第一章　总　　则

第一条　为了加强安全生产监督管理，防止和减少生产安全事故，保障人民群众生命和财产安全，促进经济发展，制定本法。

第二条　在中华人民共和国领域内从事生产经营活动的单位（以下统称生产经营单位）的安全生产，适用本法；有法律、行政法规对消防安全和道路交通安全、铁路交通安全、水上交通安全、民用航空安全另有规定的，适用其规定。

第三条　安全生产管理，坚持安全第一、预防为主的方针。

第四条　生产经营单位必须遵守本法和其他有关安全生产的

法律、法规，加强安全生产管理，建立、健全安全生产责任制度，完善安全生产条件，确保安全生产。

第五条 生产经营单位的主要负责人对本单位的安全生产工作全面负责。

第六条 生产经营单位的从业人员有依法获得安全生产保障的权利，并应当依法履行安全生产方面的义务。

第七条 工会依法组织职工参加本单位安全生产工作的民主管理和民主监督，维护职工在安全生产方面的合法权益。

第八条 国务院和地方各级人民政府应当加强对安全生产工作的领导，支持、督促各有关部门依法履行安全生产监督管理职责。

县级以上人民政府对安全生产监督管理中存在的重大问题应当及时予以协调、解决。

第九条 国务院负责安全生产监督管理的部门依照本法，对全国安全生产工作实施综合监督管理；县级以上地方各级人民政府负责安全生产监督管理的部门依照本法，对本行政区域内安全生产工作实施综合监督管理。

国务院有关部门依照本法和其他有关法律、行政法规的规定，在各自的职责范围内对有关的安全生产工作实施监督管理；县级以上地方各级人民政府有关部门依照本法和其他有关法律、法规的规定，在各自的职责范围内对有关的安全生产工作实施监督管理。

第十条 国务院有关部门应当按照保障安全生产的要求，依法及时制定有关的国家标准或者行业标准，并根据科技进步和经济发展适时修订。

生产经营单位必须执行依法制定的保障安全生产的国家标准或者行业标准。

第十一条 各级人民政府及其有关部门应当采取多种形式，加强对有关安全生产的法律、法规和安全生产知识的宣传，提高职工的安全生产意识。

第十二条　依法设立的为安全生产提供技术服务的中介机构，依照法律、行政法规和执业准则，接受生产经营单位的委托为其安全生产工作提供技术服务。

第十三条　国家实行生产安全事故责任追究制度，依照本法和有关法律、法规的规定，追究生产安全事故责任人员的法律责任。

第十四条　国家鼓励和支持安全生产科学技术研究和安全生产先进技术的推广应用，提高安全生产水平。

第十五条　国家对在改善安全生产条件、防止生产安全事故、参加抢险救护等方面取得显著成绩的单位和个人，给予奖励。

第二章　生产经营单位的安全生产保障

第十六条　生产经营单位应当具备本法和有关法律、行政法规和国家标准或者行业标准规定的安全生产条件；不具备安全生产条件的，不得从事生产经营活动。

第十七条　生产经营单位的主要负责人对本单位安全生产工作负有下列职责：

（一）建立、健全本单位安全生产责任制；

（二）组织制定本单位安全生产规章制度和操作规程；

（三）保证本单位安全生产投入的有效实施；

（四）督促、检查本单位的安全生产工作，及时消除生产安全事故隐患；

（五）组织制定并实施本单位的生产安全事故应急救援预案；

（六）及时、如实报告生产安全事故。

第十八条　生产经营单位应当具备的安全生产条件所必需的资金投入，由生产经营单位的决策机构、主要负责人或者个人经营的投资人予以保证，并对由于安全生产所必需的资金投入不足导致的后果承担责任。

第十九条　矿山、建筑施工单位和危险物品的生产、经营、储存单位，应当设置安全生产管理机构或者配备专职安全生产管理人员。

前款规定以外的其他生产经营单位，从业人员超过三百人的，应当设置安全生产管理机构或者配备专职安全生产管理人员；从业人员在三百人以下的，应当配备专职或者兼职的安全生产管理人员，或者委托具有国家规定的相关专业技术资格的工程技术人员提供安全生产管理服务。

生产经营单位依照前款规定委托工程技术人员提供安全生产管理服务的，保证安全生产的责任仍由本单位负责。

第二十条 生产经营单位的主要负责人和安全生产管理人员必须具备与本单位所从事的生产经营活动相应的安全生产知识和管理能力。

危险物品的生产、经营、储存单位以及矿山、建筑施工单位的主要负责人和安全生产管理人员，应当由有关主管部门对其安全生产知识和管理能力考核合格后方可任职。考核不得收费。

第二十一条 生产经营单位应当对从业人员进行安全生产教育和培训，保证从业人员具备必要的安全生产知识，熟悉有关的安全生产规章制度和安全操作规程，掌握本岗位的安全操作技能。未经安全生产教育和培训合格的从业人员，不得上岗作业。

第二十二条 生产经营单位采用新工艺、新技术、新材料或者使用新设备，必须了解、掌握其安全技术特性，采取有效的安全防护措施，并对从业人员进行专门的安全生产教育和培训。

第二十三条 生产经营单位的特种作业人员必须按照国家有关规定经专门的安全作业培训，取得特种作业操作资格证书，方可上岗作业。

特种作业人员的范围由国务院负责安全生产监督管理的部门会同国务院有关部门确定。

第二十四条 生产经营单位新建、改建、扩建工程项目（以下统称建设项目）的安全设施，必须与主体工程同时设计、同时施工、同时投入生产和使用。安全设施投资应当纳入建设项目概算。

第二十五条 矿山建设项目和用于生产、储存危险物品的建设项目，应当分别按照国家有关规定进行安全条件论证和安全评价。

第二十六条 建设项目安全设施的设计人、设计单位应当对安全设施设计负责。

矿山建设项目和用于生产、储存危险物品的建设项目的安全设施设计应当按照国家有关规定报经有关部门审查，审查部门及其负责审查的人员对审查结果负责。

第二十七条 矿山建设项目和用于生产、储存危险物品的建设项目的施工单位必须按照批准的安全设施设计施工，并对安全设施的工程质量负责。

矿山建设项目和用于生产、储存危险物品的建设项目竣工投入生产或者使用前，必须依照有关法律、行政法规的规定对安全设施进行验收；验收合格后，方可投入生产和使用。验收部门及其验收人员对验收结果负责。

第二十八条 生产经营单位应当在有较大危险因素的生产经营场所和有关设施、设备上，设置明显的安全警示标志。

第二十九条 安全设备的设计、制造、安装、使用、检测、维修、改造和报废，应当符合国家标准或者行业标准。

生产经营单位必须对安全设备进行经常性维护、保养，并定期检测，保证正常运转。维护、保养、检测应当作好记录，并由有关人员签字。

第三十条 生产经营单位使用的涉及生命安全、危险性较大的特种设备，以及危险物品的容器、运输工具，必须按照国家有关规定，由专业生产单位生产，并经取得专业资质的检测、检验机构检测、检验合格，取得安全使用证或者安全标志，方可投入使用。检测、检验机构对检测、检验结果负责。

涉及生命安全、危险性较大的特种设备的目录由国务院负责特种设备安全监督管理的部门制定，报国务院批准后执行。

第三十一条 国家对严重危及生产安全的工艺、设备实行淘汰制度。

生产经营单位不得使用国家明令淘汰、禁止使用的危及生产安全的工艺、设备。

第三十二条 生产、经营、运输、储存、使用危险物品或者处置废弃危险物品的，由有关主管部门依照有关法律、法规的规定和国家标准或者行业标准审批并实施监督管理。

生产经营单位生产、经营、运输、储存、使用危险物品或者处置废弃危险物品，必须执行有关法律、法规和国家标准或者行业标准，建立专门的安全管理制度，采取可靠的安全措施，接受有关主管部门依法实施的监督管理。

第三十三条 生产经营单位对重大危险源应当登记建档，进行定期检测、评估、监控，并制定应急预案，告知从业人员和相关人员在紧急情况下应当采取的应急措施。

生产经营单位应当按照国家有关规定将本单位重大危险源及有关安全措施、应急措施报有关地方人民政府负责安全生产监督管理的部门和有关部门备案。

第三十四条 生产、经营、储存、使用危险物品的车间、商店、仓库不得与员工宿舍在同一座建筑物内，并应当与员工宿舍保持安全距离。

生产经营场所和员工宿舍应当设有符合紧急疏散要求、标志明显、保持畅通的出口。禁止封闭、堵塞生产经营场所或者员工宿舍的出口。

第三十五条 生产经营单位进行爆破、吊装等危险作业，应当安排专门人员进行现场安全管理，确保操作规程的遵守和安全措施的落实。

第三十六条 生产经营单位应当教育和督促从业人员严格执行本单位的安全生产规章制度和安全操作规程；并向从业人员如实告知作业场所和工作岗位存在的危险因素、防范措施以及事故应急措施。

第三十七条 生产经营单位必须为从业人员提供符合国家标

准或者行业标准的劳动防护用品，并监督、教育从业人员按照使用规则佩戴、使用。

第三十八条 生产经营单位的安全生产管理人员应当根据本单位的生产经营特点，对安全生产状况进行经常性检查；对检查中发现的安全问题，应当立即处理；不能处理的，应当及时报告本单位的有关负责人。检查及处理情况应当记录在案。

第三十九条 生产经营单位应当安排用于配备劳动防护用品、进行安全生产培训的经费。

第四十条 两个以上生产经营单位在同一作业区域内进行生产经营活动，可能危及对方生产安全的，应当签订安全生产管理协议，明确各自的安全生产管理职责和应当采取的安全措施，并指定专职安全生产管理人员进行安全检查与协调。

第四十一条 生产经营单位不得将生产经营项目、场所、设备发包或者出租给不具备安全生产条件或者相应资质的单位或者个人。

生产经营项目、场所有多个承包单位、承租单位的，生产经营单位应当与承包单位、承租单位签订专门的安全生产管理协议，或者在承包合同、租赁合同中约定各自的安全生产管理职责；生产经营单位对承包单位、承租单位的安全生产工作统一协调、管理。

第四十二条 生产经营单位发生重大生产安全事故时，单位的主要负责人应当立即组织抢救，并不得在事故调查处理期间擅离职守。

第四十三条 生产经营单位必须依法参加工伤社会保险，为从业人员缴纳保险费。

第三章 从业人员的权利和义务

第四十四条 生产经营单位与从业人员订立的劳动合同，应当载明有关保障从业人员劳动安全、防止职业危害的事项，以及依法为从业人员办理工伤社会保险的事项。

生产经营单位不得以任何形式与从业人员订立协议，免除或者减轻其对从业人员因生产安全事故伤亡依法应承担的责任。

第四十五条 生产经营单位的从业人员有权了解其作业场所和工作岗位存在的危险因素、防范措施及事故应急措施，有权对本单位的安全生产工作提出建议。

第四十六条 从业人员有权对本单位安全生产工作中存在的问题提出批评、检举、控告；有权拒绝违章指挥和强令冒险作业。

生产经营单位不得因从业人员对本单位安全生产工作提出批评、检举、控告或者拒绝违章指挥、强令冒险作业而降低其工资、福利等待遇或者解除与其订立的劳动合同。

第四十七条 从业人员发现直接危及人身安全的紧急情况时，有权停止作业或者在采取可能的应急措施后撤离作业场所。

生产经营单位不得因从业人员在前款紧急情况下停止作业或者采取紧急撤离措施而降低其工资、福利等待遇或者解除与其订立的劳动合同。

第四十八条 因生产安全事故受到损害的从业人员，除依法享有工伤社会保险外，依照有关民事法律尚有获得赔偿的权利的，有权向本单位提出赔偿要求。

第四十九条 从业人员在作业过程中，应当严格遵守本单位的安全生产规章制度和操作规程，服从管理，正确佩戴和使用劳动防护用品。

第五十条 从业人员应当接受安全生产教育和培训，掌握本职工作所需的安全生产知识，提高安全生产技能，增强事故预防和应急处理能力。

第五十一条 从业人员发现事故隐患或者其他不安全因素，应当立即向现场安全生产管理人员或者本单位负责人报告；接到报告的人员应当及时予以处理。

第五十二条 工会有权对建设项目的安全设施与主体工程同时设计、同时施工、同时投入生产和使用进行监督，提出意见。

工会对生产经营单位违反安全生产法律、法规，侵犯从业人员合法权益的行为，有权要求纠正；发现生产经营单位违章指挥、强令冒险作业或者发现事故隐患时，有权提出解决的建议，生产经营单位应当及时研究答复；发现危及从业人员生命安全的情况时，有权向生产经营单位建议组织从业人员撤离危险场所，生产经营单位必须立即作出处理。

工会有权依法参加事故调查，向有关部门提出处理意见，并要求追究有关人员的责任。

第四章 安全生产的监督管理

第五十三条 县级以上地方各级人民政府应当根据本行政区域内的安全生产状况，组织有关部门按照职责分工，对本行政区域内容易发生重大生产安全事故的生产经营单位进行严格检查；发现事故隐患，应当及时处理。

第五十四条 依照本法第九条规定对安全生产负有监督管理职责的部门（以下统称负有安全生产监督管理职责的部门）依照有关法律、法规的规定，对涉及安全生产的事项需要审查批准（包括批准、核准、许可、注册、认证、颁发证照等，下同）或者验收的，必须严格依照有关法律、法规和国家标准或者行业标准规定的安全生产条件和程序进行审查；不符合有关法律、法规和国家标准或者行业标准规定的安全生产条件的，不得批准或者验收通过。对未依法取得批准或者验收合格的单位擅自从事有关活动的，负责行政审批的部门发现或者接到举报后应当立即予以取缔，并依法予以处理。对已经依法取得批准的单位，负责行政审批的部门发现其不再具备安全生产条件的，应当撤销原批准。

第五十五条 负有安全生产监督管理职责的部门对涉及安全生产的事项进行审查、验收，不得收取费用；不得要求接受审查、验收的单位购买其指定品牌或者指定生产、销售单位的安全设备、器材或者其他产品。

第五十六条 负有安全生产监督管理职责的部门依法对生产

经营单位执行有关安全生产的法律、法规和国家标准或者行业标准的情况进行监督检查，行使以下职权：

（一）进入生产经营单位进行检查，调阅有关资料，向有关单位和人员了解情况。

（二）对检查中发现的安全生产违法行为，当场予以纠正或者要求限期改正；对依法应当给予行政处罚的行为，依照本法和其他有关法律、行政法规的规定作出行政处罚决定。

（三）对检查中发现的事故隐患，应当责令立即排除；重大事故隐患排除前或者排除过程中无法保证安全的，应当责令从危险区域内撤出作业人员，责令暂时停产停业或者停止使用；重大事故隐患排除后，经审查同意，方可恢复生产经营和使用。

（四）对有根据认为不符合保障安全生产的国家标准或者行业标准的设施、设备、器材予以查封或者扣押，并应当在十五日内依法作出处理决定。监督检查不得影响被检查单位的正常生产经营活动。

第五十七条 生产经营单位对负有安全生产监督管理职责的部门的监督检查人员（以下统称安全生产监督检查人员）依法履行监督检查职责，应当予以配合，不得拒绝、阻挠。

第五十八条 安全生产监督检查人员应当忠于职守，坚持原则，秉公执法。

安全生产监督检查人员执行监督检查任务时，必须出示有效的监督执法证件；对涉及被检查单位的技术秘密和业务秘密，应当为其保密。

第五十九条 安全生产监督检查人员应当将检查的时间、地点、内容、发现的问题及其处理情况，作出书面记录，并由检查人员和被检查单位的负责人签字；被检查单位的负责人拒绝签字的，检查人员应当将情况记录在案，并向负有安全生产监督管理职责的部门报告。

第六十条 负有安全生产监督管理职责的部门在监督检查中，应当互相配合，实行联合检查；确需分别进行检查的，应当互通情况，发现存在的安全问题应当由其他有关部门进行处理的，应当及时移送其他有关部门并形成记录备查，接受移送的部门应当及时进行处理。

第六十一条 监察机关依照行政监察法的规定，对负有安全生产监督管理职责的部门及其工作人员履行安全生产监督管理职责实施监察。

第六十二条 承担安全评价、认证、检测、检验的机构应当具备国家规定的资质条件，并对其作出的安全评价、认证、检测、检验的结果负责。

第六十三条 负有安全生产监督管理职责的部门应当建立举报制度，公开举报电话、信箱或者电子邮件地址，受理有关安全生产的举报；受理的举报事项经调查核实后，应当形成书面材料；需要落实整改措施的，报经有关负责人签字并督促落实。

第六十四条 任何单位或者个人对事故隐患或者安全生产违法行为，均有权向负有安全生产监督管理职责的部门报告或者举报。

第六十五条 居民委员会、村民委员会发现其所在区域内的生产经营单位存在事故隐患或者安全生产违法行为时，应当向当地人民政府或者有关部门报告。

第六十六条 县级以上各级人民政府及其有关部门对报告重大事故隐患或者举报安全生产违法行为的有功人员，给予奖励。具体奖励办法由国务院负责安全生产监督管理的部门会同国务院财政部门制定。

第六十七条 新闻、出版、广播、电影、电视等单位有进行安全生产宣传教育的义务，有对违反安全生产法律、法规的行为进行舆论监督的权利。

第五章 生产安全事故的应急救援与调查处理

第六十八条 县级以上地方各级人民政府应当组织有关部门制定本行政区域内特大生产安全事故应急救援预案，建立应急救援体系。

第六十九条 危险物品的生产、经营、储存单位以及矿山、建筑施工单位应当建立应急救援组织；生产经营规模较小，可以不建立应急救援组织的，应当指定兼职的应急救援人员。

危险物品的生产、经营、储存单位以及矿山、建筑施工单位应当配备必要的应急救援器材、设备，并进行经常性维护、保养，保证正常运转。

第七十条 生产经营单位发生生产安全事故后，事故现场有关人员应当立即报告本单位负责人。

单位负责人接到事故报告后，应当迅速采取有效措施，组织抢救，防止事故扩大，减少人员伤亡和财产损失，并按照国家有关规定立即如实报告当地负有安全生产监督管理职责的部门，不得隐瞒不报、谎报或者拖延不报，不得故意破坏事故现场、毁灭有关证据。

第七十一条 负有安全生产监督管理职责的部门接到事故报告后，应当立即按照国家有关规定上报事故情况。负有安全生产监督管理职责的部门和有关地方人员政府对事故情况不得隐瞒不报、谎报或者拖延不报。

第七十二条 有关地方人民政府和负有安全生产监督管理职责的部门的负责人接到重大生产安全事故报告后，应当立即赶到事故现场，组织事故抢救。

任何单位和个人都应当支持、配合事故抢救，并提供一切便利条件。

第七十三条 事故调查处理应当按照实事求是、尊重科学的原则，及时、准确地查清事故原因，查明事故性质和责任，总结事故教训，提出整改措施，并对事故责任者提出处理意见。事故调查和处理的具体办法由国务院制定。

第七十四条 生产经营单位发生生产安全事故，经调查确定为责任事故的，除了应当查明事故单位的责任并依法予以追究外，还应当查明对安全生产的有关事项负有审查批准和监督职责的行政部门的责任，对有失职、渎职行为的，依照本法第七十七条的规定追究法律责任。

第七十五条 任何单位和个人不得阻挠和干涉对事故的依法调查处理。

第七十六条 县级以上地方各级人民政府负责安全生产监督管理的部门应当定期统计分析本行政区域内发生生产安全事故的情况，并定期向社会公布。

第六章 法律责任

第七十七条 负有安全生产监督管理职责的部门的工作人员，有下列行为之一的，给予降级或者撤职的行政处分；构成犯罪的，依照刑法有关规定追究刑事责任：

（一）对不符合法定安全生产条件的涉及安全生产的事项予以批准或者验收通过的；

（二）发现未依法取得批准、验收的单位擅自从事有关活动或者接到举报后不予取缔或者不依法予以处理的；

（三）对已经依法取得批准的单位不履行监督管理职责，发现其不再具备安全生产条件而不撤销原批准或者发现安全生产违法行为不予查处的。

第七十八条 负有安全生产监督管理职责的部门，要求被审查、验收的单位购买其指定的安全设备、器材或者其他产品的，在对安全生产事项的审查、验收中收取费用的，由其上级机关或者监察机关责令改正，责令退还收取的费用；情节严重的，对直接负责的主管人员和其他直接责任人员依法给予行政处分。

第七十九条 承担安全评价、认证、检测、检验工作的机构，出具虚假证明，构成犯罪的，依照刑法有关规定追究刑事责任；尚不够刑事处罚的，没收违法所得，违法所得在五千元以上的，并处违法所得二倍以上五倍以下的罚款，没有违法所得或者违法所得不足五千元的，单处或者并处五千元以上二万元以下的罚款，对其直接负责的主管人员和其他直接责任人员处五千元以上五万元以下的罚款；给他人造成损害的，与生产经营单位承担连带赔偿责任。对有前款违法行为的机构，撤销其相应资格。

第八十条 生产经营单位的决策机构、主要负责人、个人经营的投资人不依照本法规定保证安全生产所必需的资金投入，致使生产经营单位不具备安全生产条件的，责令限期改正，提供必需的资金；逾期未改正的，责令生产经营单位停产停业整顿。

有前款违法行为，导致发生生产安全事故，构成犯罪的，依照刑法有关规定追究刑事责任；尚不够刑事处罚的，对生产经营单位的主要负责人给予撤职处分，对个人经营的投资人处二万元以上二十万以下的罚款。

第八十一条 生产经营单位的主要负责人未履行本法规定的安全生产管理职责的，责令限期改正；逾期未改正的，责令生产经营单位停产停业整顿。

生产经营单位的主要负责人有前款违法行为，导致发生生产安全事故，构成犯罪的，依照刑法有关规定追究刑事责任；尚不够刑事处罚的，给予撤职处分或者处二万元以上二十万元以下的罚款。

生产经营单位的主要负责人依照前款规定受刑事处罚或者撤职处分的，自刑罚执行完毕或者受处分之日起，五年内不得担任任何生产经营单位的主要负责人。

第八十二条 生产经营单位有下列行为之一的，责令限期改正；逾期未改正的，责令停产停业整顿，可以并处二万元以下的罚款：

（一）未按照规定设立安全生产管理机构或者配备安全生产管理人员的；

（二）危险物品的生产、经营、储存单位以及矿山、建筑施工单位的主要负责人和安全生产管理人员未按照规定经考核合格的；

（三）未按照本法第二十一条、第二十二条的规定对从业人员进行安全生产教育和培训，或者未按照本法第三十六条的规定如实告知从业人员有关的安全生产事项的；

（四）特种作业人员未按照规定经专门的安全作业培训并取得特种作业操作资格证书，上岗作业的。

第八十三条 生产经营单位有下列行为之一的，责令限期改正；逾期未改正的，责令停止建设或者停产停业整顿，可以并处五万元以下的罚款；造成严重后果，构成犯罪的，依照刑法有关规定追究刑事责任：

（一）矿山建设项目或者用于生产、储存危险物品的建设项目没有安全设施设计或者安全设施设计未按照规定报经有关部门审查同意的；

（二）矿山建设项目或者用于生产、储存危险物品的建设项目的施工单位未按照批准的安全设施设计施工的；

（三）矿山建设项目或者用于生产、储存危险物品的建设项目竣工投入生产或者使用前，安全设施未经验收合格的；

（四）未在有较大危险因素的生产经营场所和有关设施、设备上设置明显的安全警示标志的；

（五）安全设备的安装、使用、检测、改造和报废不符合国家标准或者行业标准的；

（六）未对安全设备进行经常性维护、保养和定期检测的；

（七）未为从业人员提供符合国家标准或者行业标准的劳动保护用品的；

（八）特种设备以及危险物品的容器、运输工具未经取得专业资质的机构检测、检验合格，取得安全使用证或者安全标志，投入使用的；

（九）使用国家明令淘汰、禁止使用的危及生产安全的工艺、设备的。

第八十四条 未经依法批准，擅自生产、经营、储存危险物品的，责令停止违法行为或者予以关闭，没收违法所得，违法所得十万元以上的，并处违法所得一倍以上五倍以下的罚款，没有违法所得或者违法所得不足十万元的，单处或者并处二万元以上十万元以下的罚款；造成严重后果，构成犯罪的，依照刑法有关规定追究刑事责任。

第八十五条 生产经营单位有下列行为之一的，责令限期改正；逾期未改正的，责令停产停业整顿，可以并处二万元以上十万元以下的罚款；造成严重后果，构成犯罪的，依照刑法有关规定追究刑事责任：

（一）生产、经营、储存、使用危险物品，未建立专门安全管理制度、未采取可靠的安全措施或者不接受有关主管部门依法实施的监督管理的；

（二）对重大危险源未登记建档，或者未进行评估、监控，或者未制定应急预案的；

（三）进行爆破、吊装等危险作业，未安排专门管理人员进行现场安全管理的。

第八十六条 生产经营单位将生产经营项目、场所、设备发包或者出租给不具备安全生产条件或者相应资质的单位或者个人的，责令限期改正，没收违法所得；违法所得五万元以上的，并处违法所得一倍以上五倍以下的罚款；没有违法所得或者违法所得不足五万元的，单处或者并处一万元以上五万元以下的罚款；导致发生生产安全事故给他人造成损害的，与承包方、承租方承担连带赔偿责任。

生产经营单位未与承包单位、承租单位签订专门的安全生产管理协议或者未在承包合同、租赁合同中明确各自的安全生产管理职责，或者未对承包单位、承租单位的安全生产统一协调、管理的，责令限期改正；逾期未改正的，责令停产停业整顿。

第八十七条 两个以上生产经营单位在同一作业区域内进行可能危及对方安全生产的生产经营活动，未签订安全生产管理协议或者未指定专职安全生产管理人员进行安全检查与协调的，责令限期改正；逾期未改正的，责令停产停业。

第八十八条 生产经营单位有下列行为之一的，责令限期改正；逾期未改正的，责令停产停业整顿；造成严重后果，构成犯罪的，依照刑法有关规定追究刑事责任：

(一) 生产、经营、储存、使用危险物品的车间、商店、仓库与员工宿舍在同一座建筑内，或者与员工宿舍的距离不符合安全要求的；

(二) 生产经营场所和员工宿舍未设有符合紧急疏散需要、标志明显、保持畅通的出口，或者封闭、堵塞生产经营场所或者员工宿舍出口的。

第八十九条　生产经营单位与从业人员订立协议，免除或者减轻其对从业人员因生产安全事故伤亡依法应承担的责任的，该协议无效；对生产经营单位的主要负责人、个人经营的投资人处二万元以上十万元以下的罚款。

第九十条　生产经营单位的从业人员不服从管理，违反安全生产规章制度或者操作规程的，由生产经营单位给予批评教育，依照有关规章制度给予处分；造成重大事故，构成犯罪的，依照刑法有关规定追究刑事责任。

第九十一条　生产经营单位主要负责人在本单位发生重大生产安全事故时，不立即组织抢救或者在事故调查处理期间擅离职守或者逃匿的，给予降职、撤职的处分，对逃匿的处十五日以下拘留；构成犯罪的，依照刑法有关规定追究刑事责任。

生产经营单位主要负责人对生产安全事故隐瞒不报、谎报或者拖延不报的，依照前款规定处罚。

第九十二条　有关地方人民政府、负有安全生产监督管理职责的部门，对生产安全事故隐瞒不报、谎报或者拖延不报的，对直接负责的主管人员和其他直接责任人员依法给予行政处分；构成犯罪的，依照刑法有关规定追究刑事责任。

第九十三条　生产经营单位不具备本法和其他有关法律、行政法规和国家标准或者行业标准规定的安全生产条件，经停产停业整顿仍不具备安全生产条件的，予以关闭；有关部门应当依法吊销其有关证照。

第九十四条　本法规定的行政处罚，由负责安全生产监督管理的部门决定；予以关闭的行政处罚由负责安全生产监督管理的部门报请县级以上人民政府按照国务院规定的权限决定；给予拘留的行政处罚由公安机关依照治安管理处罚条例的规定决定。有关法律、行政法规对行政处罚的决定机关另有规定的，依照其规定。

第九十五条 生产经营单位发生生产安全事故造成人员伤亡、他人财产损失的，应当依法承担赔偿责任；拒不承担或者其负责人逃匿的，由人民法院依法强制执行。

生产安全事故的责任人未依法承担赔偿责任，经人民法院依法采取执行措施后，仍不能对受害人给予足额赔偿的，应当继续履行赔偿义务；受害人发现责任人有其他财产的，可以随时请求人民法院执行。

第七章 附 则

第九十六条 本法下列用语的含义：

危险物品，是指易燃易爆物品、危险化学品、放射性物品等能够危及人身安全和财产安全的物品。

重大危险源，是指长期地或者临时地生产、搬运、使用或者储存危险物品，且危险物品的数量等于或者超过临界量的单元(包括场所和设施)。

第九十七条 本法自2002年11月1日起施行。

（2002年6月29日）

附录三　工程建设重大事故报告和调查程序规定

（中华人民共和国建设部　一九八九年第三号令）

第一章　总　则

第一条　为了保证工程建设重大事故及时报告和顺利调查，维护国家财产和人民生命安全，制定本规定。

第二条　本规定所称重大事故，系指在工程建设过程中由于责任过失造成工程倒塌或报废、机械设备毁坏和安全设施失当造成人身伤亡或者重大经济损失的事故。

第三条　重大事故分为四个等级：

（一）具备下列条件之一者为一级重大事故：

1. 死亡三十人以上；

2. 直接经济损失三百万元以上。

（二）具备下列条件之一者为二级重大事故：

1. 死亡十人以上，二十九人以下；

2. 直接经济损失一百万元以上，不满三百万元。

（三）具备下列条件之一者为三级重大事故：

1. 死亡三人以上，九人以下；

2. 重伤二十人以上；

3. 直接经济损失三十万元以上，不满一百万元。

（四）具备下列条件之一者为四级重大事故：

1. 死亡二人以下；

2. 重伤三人以上，十九人以下；

3. 直接经济损失十万元以上，不满三十万元。

第四条 重大事故发生后，事故发生单位必须及时报告，重大事故的调查工作必须坚持实事求是、尊重科学的原则。

第五条 建设部归口管理全国工程建设重大事故；省、自治区、直辖市建设行政主管部门归口管理本辖区内的工程建设重大事故；国务院各有关主管部门管理所属单位的工程建设重大事故。

第二章 重大事故的报告和现场保护

第六条 重大事故发生后，事故发生单位必须以最快方式，将事故的简要情况向上级主管部门和事故发生地的市、县级建设行政主管部门及检察、劳动（如有人身伤亡）部门报告；事故发生单位属于国务院部委的，应同时向国务院有关主管部门报告。

事故发生地的市、县级建设行政主管部门接到报告后，应当立即向人民政府和省、自治区、直辖市建设行政主管部门报告；省、自治区、直辖建设行政主管部门接到报告后应立即向人民政府和建设部报告。

第七条 重大事故发生后，事故发生单位应当在二十四小时内写出书面报告，按第六条所列程序和部门逐级上报。

重大事故书面报告应当包括以下内容：

（一）事故发生的时间、地点、工程项目、企业名称；

（二）事故发生的简要经过、伤亡人数和直接经济损失的初步估计；

（三）事故发生原因的初步判断；

（四）事故发生后采取的措施及事故控制情况；

（五）事故报告单位。

第八条 事故发生后，事故发生单位和事故发生地的建设行政主管部门，应当严格保护事故现场，采取有效措施抢救人员和财产，防止事故扩大。

因抢救人员、疏导交通等原因，需要移动现场物件时，应当做出标志，绘制现场简图并做出书面记录，妥善保存现场重要痕迹、物证，有条件的可以拍照或录像。

第三章 重大事故的调查

第九条 重大事故的调查由事故发生地的市、县级以上建设行政主管部门或国务院有关主管部门组织成立调查组负责进行。

调查组由建设行政主管部门、事故发生单位的主管部门和劳动等有关部门的人员组成，并应邀请人民检察机关和工会派员参加。

必要时，调查组可以聘请有关方面的专家协助进行技术鉴定、事故分析和财产损失的评估工作。

第十条 一、二级重大事故由省、自治区、直辖市建设行政主管部门提出调查组组成意见，报请人民政府批准；

三、四级重大事故由事故发生地的市、县级建设行政主管部门提出调查组组成意见，报请人民政府批准。

事故发生单位属于国务院部委的，按本条一、二款的规定，由国务院有关主管部门或其授权部门会同当地建设行政主管部门提出调查组组成意见。

第十一条 重大事故调查组的职责：

（一）组织技术鉴定；

（二）查明事故发生的原因、过程、人员伤亡及财产损失情况；

（三）查明事故的性质、责任单位和主要责任者；

（四）提出事故处理意见及防止类似事故再次发生所应采取措施的建议；

（五）提出对事故责任者的处理建议；

（六）写出事故调查报告。

第十二条 调查组有权向事故发生单位、各有关单位和个人了解事故的有关情况，索取有关资料，任何单位和个人不得拒绝和隐瞒。

第十三条 任何单位和个人不得以任何方式阻碍、干扰调查组的正常工作。

第十四条 调查组在调查工作结束后十日内，应当将调查报告报送批准组成调查组的人民政府和建设行政主管部门以及调查组其他成员部门。经组织调查的部门同意，调查工作即告结束。

第十五条 事故处理完毕后，事故发生单位应当尽快写出详细的事故处理报告，按第六条所列程序逐级上报。

第四章　罚　　则

第十六条 事故发生后隐瞒不报、谎报、故意拖延报告期限的，故意破坏现场的，阻碍调查工作正常进行的，无正当理由拒绝调查组查询或者拒绝提供与事故有关情况、资料的，以及提供伪证的，由其所在单位或上级主管部门按有关规定给予行政处分；构成犯罪的，由司法机关依法追究刑事责任。

第十七条 对造成重大事故的责任者，由其所在单位或上级主管部门给予行政处分；构成犯罪的，由司法机关依法追究刑事责任。

第十八条 对造成重大事故承担直接责任的建设单位、勘察设计单位、施工单位、构配件生产单位及其他单位，由其上级主管部门或当地建设行政主管部门，根据调查组的建议，令其限期改善工程建设技术安全措施，并依据有关法规予以处罚。

第五章　附　　则

第十九条 工程建设重大事故中属于特别重大事故者，其报告、调查程序，执行国务院发布的《特别重大事故调查程序暂行规定》及有关规定。

第二十条 本规定由建设部负责解释。

第二十一条 本规定自一九八九年十二月一日起施行。

附录四 上海市建设工程安全监督系统通讯录

单 位	地 址	邮 编	电 话	负责人
上海市建设工程安全质量监督总站	宛平南路 75 号	200032	64038300	蔡 健
浦东新区建设工程监督署	崮山路 778 号	200135	58331091	封定远
黄浦区建设工程安全监督站	西藏南路 1407 号 1 号楼底楼	200011	53070400	孟顺利
闵行区建设工程质量安全监督站	七莘路 488 号四楼	201100	64923524	虞石桂
卢湾区建设工程质量安全监督站	鲁班路 170 号	200023	63365029	钱兴隆
闸北区建设工程质量安全监督站	共和新路 688 弄 2 号 4 楼	200070	56637149	范家忠
长宁区建设工程质量安全监督站	仙霞路 700 弄 45 号	200336	62628866	高妙康
宝山区建设工程质量安全监督站	泰和路 245 号 2 号楼四楼	200940	56179724	刘少云
徐汇区建设工程质量安全监督站	田林十四村 41 号	200233	64361987	潘华惠
虹口区建设工程质量安全监督站	纪念路 337 号	200434	65369553	俞建平
杨浦区建设工程质量安全监督站	宁国路 129 号	200090	65197165	贾留福
静安区建设工程质量安全监督站	昌平路 1005 号 501 室	200042	62317802	曹桂娣

续表

单 位	地 址	邮 编	电 话	负责人
普陀区建设工程质量安全监督站	曹杨路2212号401室	200333	62570567	仲建平
嘉定区建设工程质量安全监督站	金沙路98号	201800	59528070	公延平
金山区建设工程质量安全监督站	朱泾镇临源街580号	201500	57320846	曹奋立
崇明县建设工程质量安全监督站	城桥镇西门路228号	202150	59621270	张恩光
南汇区建设工程质量安全监督站	惠南镇沪南公路9999号	201300	58001260	瞿德平
青浦区建设工程质量安全监督站	青浦镇一线街50号	201700	59721409	叶 辉
奉贤区建设工程质量安全监督站	南桥镇科技路52号	201700	57420665	谢仁明
松江区建设工程质量安全监督站	荣乐东路111号	201613	57744240	张民强
上海市市政建设工程质量安全监督站	丽园路1019号9楼	200023	63059126	杨志鸣
金山石化建设工程安全监督组	金一东路7号	200540	57943100－573	施克信
外高桥保税区建设工程质量安全监督站	日京路35号凯兴楼三楼	200131	58660477	詹志洪
上海化学工业区建设工程质量安全监督站	目华路185号207室	201424	57442328	车耀亭

附录五　上海市总工会系统通讯录

单　位	地　址	邮　编	监督电话
上海市总工会	中山东一路 14 号	200002	63230912
浦东新区总工会	浦东大道 141 号 1 号楼 4 楼	200120	58873708
徐汇区总工会	漕溪北路 336 号 8 楼	200030	64872222 * 1200
长宁区总工会	愚园路 1320 弄 5 号楼	200050	62513499 * 2187
普陀区总工会	大渡河路 1668 号 A 座 4 楼	200333	52564588 * 1474
闸北区总工会	大统路 480 号 18 楼	200070	63805390 * 6809
虹口区总工会	三河路 300 号	200086	65038501
杨浦区总工会	江浦路 549 号东大楼 4 楼	200082	65419450 * 2216
黄浦区总工会	延安东路 300 号东楼	200001	63215150 * 10419
卢湾区总工会	重庆南路 229 弄 5 号	200025	63848620
静安区总工会	胶州路 699 号 4 楼	200040	62679295
宝山区总工会	宝山区友谊路 50 号	201900	56691269
闵行区总工会	沪闵路 6258 号	201100	54179606
嘉定区总工会	嘉定镇清河路 34 弄 37 号	201800	59532512
金山区总工会	金山区金山大道 2000 号	200540	57921001 * 1433
松江区总工会	松江区中山中路 364 号	201600	57725807
青浦区总工会	青浦区青松路 35 号	201700	59721345
南汇区总工会	南汇惠南镇人民西路桥西堍	201300	58023082
奉贤区总工会	奉贤南桥镇南桥路 188 号	201400	57106213
崇明县总工会	崇明城桥镇北门路 188 号	202150	59613552

附录六　上海市区、县安全生产监督管理局通讯录

单　位	地　址	邮　编	电　话
上海市安监局	徐家汇路 550 号 24 楼	200025	64456655　64723352
浦东新区安监局	世纪大道 2001 号 4 号楼 220 室	200135	58788388 转 64220 28282309
徐汇区安监局	中山南二路 777 弄 2 号楼	200032	54243890
普陀区安监局	普雄路 35 号 5 号楼	200063	62442812　62448492 32130039－101
虹口区安监局	海南路 15 号	200080	63563608
黄浦区安监局	延安东路 300 号西 10 楼 1007 室	200001	63215150－21052
长宁区安监局	愚园路 1320 弄 8 号楼	200050	62513499－2660、2661、2662
闸北区安监局	大统路 480 号 10 楼	200070	63173941
杨浦区安监局	江浦路 549 号	200082	65414578　65419450－2434
卢湾区安监局	重庆南路 100 号 9 楼	200020	63310337
静安区安监局	江宁路 958 号 6 楼（安远路口）	200041	62779971
金山区安监局	金山石化卫清西路 755 号	200540	57964474　57964524
松江区安监局	松江园中路 1 号	201600	37735592　37735593
嘉定区安监局	嘉定博乐南路 111 号	201800	59526448　59530799－2109
闵行区安监局	沪闵路 6558 号（东二楼）	201100	54132381
宝山区安监局	宝山淞滨路 28 号 6 楼	200940	56846322　56846323
青浦区安监局	外青松公路 6189 号	201700	69710925
奉贤区安监局	奉贤南桥镇南桥路 509 号	201400	57420273
南汇区安监局	南汇惠南镇南园宾馆 8 号	201300	68001614
崇明县安监局	崇明城桥镇东门路 378 号	202150	59611735